胡忠英 著

无馔不特

我的烹饪生涯五十年

MY FIFTY YEARS OF CULINARY CAREER

 中国商业出版社

图书在版编目（CIP）数据

无创不特：我的烹饪生涯五十年／胡忠英著.
—北京：中国商业出版社，2017.9

ISBN 978-7-5208-0072-3

Ⅰ.①无… Ⅱ.①胡… Ⅲ.①饮食-文化-杭州

Ⅳ.①TS971.202.551

中国版本图书馆 CIP 数据核字（2017）第 232060 号

责任编辑：唐伟荣

中国商业出版社出版发行

010-63180647　www.c-cbook.com

（100053　北京广安门内报国寺 1 号）

新 华 书 店 经 销

北京全景印刷有限公司

\* \* \*

700×1000毫米　16 开　15.5 印张　210 千字

2017 年 9 月第 1 版　2017 年 9 月第 1 次印刷

定价：98.00 元

\* \* \* \*

（如有印装质量问题可更换）

## 《无创不特》编委会

顾　　问：戴　宁

主　　任：胡忠英

委　　员：王仁孝　孙春明　吴流生

　　　　　董顺翔　王政宏　赵再江

　　　　　刘国铭　陆春伟　徐甲临

特约编辑：吴流生　徐甲临

主　　审：孙春明

图　　片：陆春伟　姚志明　李　江

**支持单位**：杭州饮食服务集团有限公司

# 杭帮菜的掌门人

我和胡忠英相识于1985年，当年我调任杭州饮食服务公司当经理，他当时在杭州酒家任经理。我俩一起工作已有32年了。我和忠英住在一个楼里，楼上楼下是邻居，我儿子称他胡伯伯，同事们唤他胡大师，几十年了，我一直叫他忠英，觉得很亲近，也很亲切。

忠英很能做菜，也会讲菜，讲菜的做法、菜的故事。他上了央视董卿的《朗读者》后，人气火爆，有了更多的粉丝。我们去外地美食采风，总会遇上一些游客，他们认出了忠英，拉着他就要拍照，忠英还真有明星大腕的范儿。

忠英的五十年厨师职业生涯是与杭帮菜同呼吸、共命运的五十年。改革开放的三十多年来，是杭帮菜迅猛发展的三十多年，也是忠英职业生涯辉煌的三十多年。三十多年来，他从杭州餐饮界的一名优秀青年厨师成长为杭州厨师中坚力量的领军人物，成为中国十大烹饪大师、国际烹饪艺术大师；从餐饮界一家老字号的掌门人成为了如今杭帮菜的掌门人。他的职业生涯是与杭帮菜发展紧紧相连的，说起杭帮菜的发展就得说到忠英对杭帮菜的特殊贡献。

以前说到杭帮菜，业内人士都说是浙菜的一个组成部分。现在说到杭帮菜，大家都认为是杭州城市的一张金名片。

记得是1987年的事情了。时任杭州市委书记厉德馨提出杭帮菜要改变"老三样",让游客吃到更多更好的杭帮菜。这"老三样"指的是西湖醋鱼、东坡肉和叫化童鸡,其实是指市场上卖的杭帮菜品种单一,都是老面孔。当时餐饮市场国有企业一统天下,我公司是国有企业,自然就承担起了改变"老三样"的这一重任。公司举办了杭州首届创新菜大赛,政府领导、社会名流、新闻媒体、专家学者都给予了极大的关注和期待,厨师们摩拳擦掌,群情高涨,制作出不少创新菜,不久便陆续应市,如天香鳜鱼、钱江肉丝、金牌扣肉等。

然而,就这次创新菜大赛还有过一场激烈的思想交锋。以忠英为代表的年轻一代厨师提出杭帮菜要创新,必须在原辅材料、调味品以及烹饪技艺上要突破。现在看来这一观点顺理成章,与时俱进。可当时老一辈的厨师作为创新菜大赛的裁判委员,观念上陈旧了些,制定的创新菜标准中,为保持杭帮菜的特色,规定不是本地的原料不可用,不是本地的调味品不可用,原料不用海鲜,口味不吃辣等等。一系列的条条框框束缚了年轻厨师的创新激情。解放思想,是那个时代最流行的政治术语,这时真成了杭帮菜创新上的重大课题和突破口。我大力支持忠英等青年厨师的观点,与老厨师们反复沟通交流,终于废掉了那些不适宜创新的规定,形成了创新菜的评定标准。大赛中不仅涌现出了新菜,也涌现出了一批新的厨师,这些厨师以后都成了杭帮菜的中坚力量。更为重要的是,大赛是一次思想上的解放、观念上的创新。正因为有了创新思想的统一,纲举目张,才有了后来的"迷宗菜""新杭州名菜"的出现。

"金牌扣肉"是一道创新菜。这道菜一出现时,卖得很火,现在还在卖,名气很响。东北的餐馆有卖,西安的餐饮学校还编入烹饪教材里了。这道菜原型是杭帮菜里的笋扣肉,原料是五花肉和笋干,叫金牌扣肉,是因为此菜获得了全国第二届烹饪大赛金牌。获金牌的笋扣肉与传统的做法相比,最大的创新在于菜的造型上,它将原先平铺的五花肉切成肉片盘旋成塔状的造型,一片片肉片相连而不分断。这样有刀工,又有金字塔般造型的菜肴,在大赛和餐桌上是不多见的。借助于获得金牌的名声，餐馆里供应的时候就改名为金牌扣肉。东坡先生有"无肉令人瘦，无竹使人俗"的诗句，有人打趣地跟上了一句"若要不瘦和不俗，餐餐笋烧肉"。有人说笋扣肉改名为金牌扣肉，俗气了，少了些文化的味道，我想也是。但这样的俗称映现出了一代厨师的创新、获奖经历，留下一点时代的商业烙印，多点记忆也未尝不可。

由金牌扣肉说到菜肴创新，其实传承是很重要的。对于传统的、经典的菜肴进行挖掘和改良，哪怕在原料、辅料、口味、烹制、摆盘等某一方面，作一点点的适应时代和消费需求的改良，都可视为是一种创新。

2000年，杭州举办了首届中国美食节。忠英在吴山广场表演了金牌扣肉，8斤多重的五花肉切成了40多米长的肉片制作成塔状，20多位观众双手托拉着绵长的肉片，绕台一周，慢慢地将盘中的肉片一层层拉开，直到见到盘底的笋干方才作罢。美食节来自全国各地的烹饪大师吴山论剑、西湖谈艺，是一次餐饮业烹饪技术的大交流。此后，杭帮菜的创新菜活动如钱塘江潮此起彼伏，杭帮菜创新菜大奖赛、杭州民间家常菜大赛、杭州国际美食节、48道新杭州名菜、杭帮菜108将、36道新杭州名点名小吃、G20二十道峰菜等等层出不穷，创新成为杭帮菜发展的常态，是杭帮菜勇立中国城市菜肴发展之潮头的不息动力。

在胡忠英工作室里，墙上悬挂着几幅书法。有一条幅为"无创不特"四个大字，是书法家胡铁生先生的墨迹。那是1992年胡铁生先生81岁时书赠予忠英的。20多年来，忠英的办公室、工作室几经搬移，然此墨宝总是伴随左右，悬挂于显眼之处。我想，几十年来正是忠英不断创新，才有了他烹饪技艺的特色；也正是他不断创新，成就了他对杭帮菜的特殊贡献。

"无创不特"也许就是他的座右铭。

忠英是很传统的人，他喜欢书法，写的字也如他做的菜。他的菜，无论是冷盘还是热菜，口味拿捏到位，切配烹制娴熟精湛，装盘出品很有厚重感。他的菜就如颜真卿的书体那样方正圆厚、庄重古朴、气势雄浑。他在很多场合上表演过书法大字,一个金文的"烹"字,潇潇洒洒地落在宣纸上,如火如烟的,俨然就是出自于与火打交道的烹饪大师之手。忠英时常钻研烹饪古籍,而且有能力将古谱中的菜肴再现于餐桌上。他制作的南宋宴、乾隆宴、袁枚宴、烧尾宴等等,吊起了海外专家学者的胃口和好知,三十多年来,日本食客隔三差五地跨洋越海,花费巨资登门品尝。

我很荣幸地主持和参与了中国杭帮菜博物馆的建设和管理工作,然而,作为馆长我更荣幸的是聘请了赵荣光老师和胡忠英大师作为博物馆的名誉馆长。赵老师和他的团队完成了博物馆展陈的文字文本,胡忠英和他的团队完成了文字文本中的菜点制作,尤其是唐宋元明清古代菜点和宴席的制作,将沉睡古菜谱的文字变成了栩栩如生的菜点模型,如此系统化地而又如此逼真地呈现在杭帮菜博物馆里,连我们自己都难以想象和惊奇,叹为观止。

在中国杭帮菜博物馆里有张照片,那是2011年1月19日,时任浙江省委副书记夏宝龙同志在知味观·味庄,亲切慰问杭帮菜三代厨师的合影。这三代厨师就是胡忠英和他的徒弟董顺翔,以及董顺翔的徒弟刘国铭。他们是杭帮菜三代厨师的代表和典范,可谓是德艺双馨。

忠英是杭州市劳动模范,董顺翔也是,董的知味观·味庄团队还获得过杭州市集体劳模荣誉称号,刘国铭更是青出于蓝而胜于蓝,是全国的劳动模范。胡忠英1992年经营起了南方大酒家,卖的南方大包风靡全国,单店的平方面积营收率在中餐馆是顶尖的。董顺翔2004年开始经营的知味观·味庄,精致大气的园林餐厅数度登上世界最佳餐厅LA LISTE榜单,取得了骄人的业绩。杭州酒家2013年重返湖滨延安路,刘国铭掌门经营,几年下来,老字号换了新面孔,年轻人成了主要消费群,互联网内好评如潮,经济效益年年攀高,成为了"互联网+餐饮"经营的成功范例。这师徒三代不仅厨艺高超,经营也真是把好手。

忠英的烹饪技艺自不必多说了，G20杭州峰会是他职业生涯的顶峰，他任G20杭州峰会餐饮文化专家组组长，圆满完成了峰会重大宴请的菜单制作和审定工作，特别是元首工作午宴的成功，他和他的团队从构思设计到制作和完美呈现，将杭帮菜提升到了国宴和国际盛宴的最高水平。董顺翔经营的知味观·味庄，供应的杭帮菜既传统经典，又时尚精致，其菜点选料精细、制作精湛、造型精致、美轮美奂，不忍下箸。联合国首届中国美食节上的大使工作午宴、联合国媒体宴、G20杭州峰会夫人午宴菜单均出自董顺翔之手。中国杭帮菜博物馆出版过一套三合一的菜谱书籍。分别是胡忠英著《杭州南宋菜谱》、董顺翔著《杭州传统菜谱》和戴宁著《杭州廿四节令菜谱》。其实，我编撰的节令菜谱里的菜肴大都是刘国铭制作的。我只是提出了廿四节令菜点是杭帮菜重要特色的观点，并系统地主持开展了节令菜点挖掘开发、研究总结工作。我给杭帮菜的定义有十六个字——"清淡适中、制作精致、节令时鲜、多元趋新"，其中的节令时鲜就是指季节和时令菜点。这三本书的菜点文化跨越了千年历史，从另一个侧面展现了这三代厨师烹饪技艺和美食文化的功底与传承。

忠英的传承不仅仅在烹饪菜肴的技术上，更重要的是传承于一代代厨师的成长上。他常说，功夫在厨外，要做好的厨师，首先要做好人。要做好吃的菜，就要用心去做。我们在联合国总部举办美食节，半个多月的时间天天为各国外交官做菜，因为人手少，忠英亲自动刀切配，一站就是大半天。G20杭州峰会为元首宴制作工作午宴，十几场的试菜试宴，忠英总是在现场指挥督战。他的徒弟赵再江告诉我，师傅在场，大家心里有底，干活更卖力。

忠英退休后，继续在杭州饮食服务集团有限公司留任餐饮总监。公司几乎每年举办"春季好口味""秋季好滋味"的创新菜活动，为年轻的一代厨师搭建展现自我形象、交流提升技艺、开发新菜新人的平台。忠英作为裁判长，对厨师的比赛作品一丝不苟地打分点评，讲解得失，大家受益匪浅。他担任全国饭店业餐饮大赛的裁判长，也同样得到了全国同行评委和厨师们的信任和尊敬。他时常受约在电视台、市民大讲堂宣传普及杭帮菜。近些年来，他年年率团出国，制作表演交流杭帮菜，扩大了杭帮菜在海外的影响力。忠英近70岁了，如此的不辞辛劳，尽心尽力，是他做人做事的一向品行，是对烹饪事业和对杭帮菜的大爱。

我看了央视《朗读者》节目，其中忠英对董卿的一段谈话记忆尤深："我女儿的早餐，我要管住的，每天两个鸡蛋，变着花样做。做番茄炒蛋，番茄要小火煸透，煸出红油来，再将鸡蛋淋下去，铲锅慢慢翻，鸡蛋很香的。现在，我女儿她有自己的小孩了，跟我一样，也是每天变着花样做鸡蛋给她儿子吃。"看着忠英在电视上不经意地娓娓道来，我想这是多好的父亲，多好的爷孙三代，多么好的生活画面。我又一次领悟到，如果没有了对家庭的责任，又何谈对社会的责任；如果没有对亲人的爱、对生活的爱，又何谈对杭帮菜、对烹饪事业的大爱呢。

我和忠英也常在一起喝酒品茶。喝茶红的绿的、生的熟的，他都可以，喝酒最爱的是啤酒。我总以为，喝啤酒是年轻人的专利，喝啤趁年华，上了年纪喝啤酒容易患通风。忠英爱喝啤酒是上世纪90年代初，他在捷克养成的习惯。布拉格的杭州饭店早在上世纪60年代就开业了，由杭州老一辈厨师封月笙作为国家文化使者派遣到捷克做主厨的。1990年我公司在布拉格又一次开了杭州酒家，忠英任总经理。布拉格城市有道风景线，凡稍大点的轨道车站旁几乎都有啤酒屋，在等车的人也几乎是人手一扎啤酒，车到站了，人上车了，车开走了，站台上留下的是一个个空空的啤酒瓶，和忙着收酒瓶的啤酒屋的服务生。忠英在捷克干了两年，完成了杭帮菜第二次赴捷克开店的使命。同时，他也入乡随俗地爱上了啤酒，并伴随至今。

说到酒，忠英曾送给我一瓶虎骨酒，那是我前几年腿摔坏开刀后他送给我的。虎骨酒在1993年中国加入联合国保护野生动物公约后就严禁买卖了，所以，这瓶酒是忠英珍藏了20多年的同仁堂的老酒了。他说这酒化瘀止痛，对骨折恢复有良效。这瓶酒我前前后后喝了有一个多月，既当作药酒疗病来喝，更当作忠英兄长对我的一份情谊在品尝……

话扯远了，写到此，我在想，是怎样的人可成为一代杭帮菜的掌门人呢？需要怎样的品行技艺、人格魅力、责任担当和义重情深呢？其实，在忠英身上是可以找到答案的。

戴　宁

于五味书屋

2017年9月20日

# 目录

第一章

# 我与杭帮菜

# 厨艺 匠心 传承

2017年4月下旬，中国饭店协会邀请我去重庆，给参加活动的青年厨师讲讲课。题目是"厨艺、匠心、传承"。乍一听，我觉得这个题目好大，要说的东西很多，不太好完成；细一想，我入厨师行50年，我每天的工作，每天的所思所行，每天的努力和付出，每天的追求和梦想，都是和这个大题目密切相连的。于是我拟了一个提纲，去了重庆。对于"厨艺、匠心、传承"，我的理解是：厨艺是基础，匠心是升华，传承是使命。

# [ 厨艺 ]

从广义上来说，厨艺就是人类烧饭做菜的技能。而从我们厨师角度来说，它就是我们的立身之本，存世之道。也就是说，厨师这个职业，就是应厨艺而产生、而延续、而发展的。这就是普遍性与特殊性的区别。烧饭做菜一般人都会，但我们不能说会烧饭做菜的人都是有厨艺的。

厨师是一门应厨艺而生的职业，从事这个职业的人没有尊卑高下之别，但他们掌握的厨艺却肯定有深浅高下之分的。造成这个"之分"的原因，不排除一定的天分因素，但最根本的是他们为此付出的心血和汗水的多寡。我学厨50年，50年的从业经历告诉我，学厨不难，但要掌握精湛的厨艺不易。如何才能使这个"不易"转化为"不难"呢？我常常想到的是一句话和一篇文章。

一句话是我在学厨之初，我师傅常对我及师兄弟们说的。这就是："世上无难事，只怕有心人"。我师傅叫童水林，是老一辈的杭州名厨，他13岁学厨，文化水平不高，对我们的培养教导，身教远多于言教。除了上面这句话，他更多的是用自己的工作态度及成果告诉我们：做厨师只有样样工作都用心，道道工序都上心，才能烧出好菜，做出成绩，也就是有好厨艺。一篇文章是我从梁启超先生的文集中读到的，是先生对即将走上社会的青年学生的演讲稿，题目就是《敬业与乐业》。他告诉我们：凡职业都是神圣的，要把每一种职业都做得圆满，取得成就，一是要敬业，二是要乐业。我从自己的学厨经历中领悟到，这绝对是至理名言。因为在这50年工作中，我虽然也面对过挫折，也遇到过难关，但我对厨师职业的敬畏，对钻研厨艺的兴趣，从来没有懈怠和分散过。

厨艺是人类共有的文化和财富。中国的厨艺，无论是历史的悠久、内容的丰富，还是成就的卓越，从来都是名列前茅的。作为一个中国厨师，我们谁都应以此为荣，以此为敬，以此为乐的。

厨艺是一种文化，它是人类烹饪文化中最重要、最丰富的篇章。在我国国务院公布的四批国家级非物质文化遗产名录中，每批都有一定数量的厨艺类项目；厨艺是一种艺术，一种做饭做菜的艺术。虽然说起艺术，人们往往首先想到的是戏剧、曲艺、音乐、美术、建筑、舞蹈、电影、诗和文学等。但我认为，从与人的生存生活最休戚相关的一点来说，厨艺绝对是第一重要的。厨艺是一门学问，它绝不是简单地把食物由生变熟，也不是只笼统地讲究菜肴的色、香、味、形、器。它是一门可以从生物学、物理学、社会学、心理学、生理学以及人文历史、政治地理诸方面对其提要求、设标准的综合性实用科学。

厨艺在中国，历来受人尊崇。最明显的一个例子，就是人们常把它和治国理政之道相比："治大国若烹小鲜"。这句话是老子在《道德经》中说的，说的是我们厨师的始祖伊尹辅佐商汤的故事。伊尹善烹饪，曾以自己掌握的厨艺为例，向商朝的开创者成汤提出了自己的治国理念。成汤听了很受启发，便重用伊尹，任他为国相。从此国力大增，推翻了夏王朝。这故事发生在近四千年前，历来为人们所称道。我认为，这就是中国厨艺的独特光彩。作为中国的厨师，我们因此而自豪、欣慰，更要为它的弘扬光大而努力，而奉献！

## [ 匠心 ]

匠心，匠人之心也。做匠人是入门，具匠心是得道。入门容易得道难。

在古代，只有木工师傅被称匠人，但后来，凡是有专门手艺的人都可称作匠人了，连以脑力劳动为主、有人类灵魂工程师之称的教师，也可称之为"教书匠"了。所以我认为，在中国三百六十行，行行都可以称作"匠"的。"匠"只是一种职业，是人们谋衣谋食以求生存的一种手段，是人类社会的一种普遍存在。得道难，是因为匠心的"心"则是古人所说的"运用之妙，存乎一心"的心，是匠人对其职业技艺的个性化修炼和追求，是属于精神范畴的升华和创新。它是形而上的，出类拔萃的，更是独特的。这从人们常用的"匠心独运"、"别具匠心"等成语中就可以得到佐证。只有"独运"，只有"别具"，才是"匠心"。"三百六十行，行行出状元"，这个"状元桂冠"，是只有具有"匠心"的匠人才能得到的"道"。

"匠心"，就是大家要有把自己的工作做到极致的追求和能力。只要这样，我们就能对我们的职业充满崇敬和挚爱，就能为它付出所有的心血和汗水，就会勤学苦练，兢兢业业，就能在钻研厨艺的道路上博采众长，融会贯通，奉献创新，发挥与众不同的作用，取得非同一般的成果和收获。我认为，有这种追求和能力的厨师，就是有"匠人之心"的厨师。"匠心"是非常宝贵的，大到一个国家，小到一个行业，要是没有一大批拥有"匠心"的人，是很难自立于这个世界及行业之林的。就说我们餐饮业吧，就是因为过去和现在，都有不少有"匠心"的厨师的努力和奉献，才有今天这种空前兴旺、硕果累累的喜人局面。

随着科技发展，在不少领域机器的智能已超过了匠人的技能。但国家还是在提倡"匠人精神"，呼唤打造"大国工匠"，也就是说要培养有"匠心"的工匠。我虽然今年已69岁了，无论是智力和体力早已不能同日而语了，但我还要继续努力。争取和在座的同仁一样，为厨师这个行业，为我们的烹饪文化，为国家，为民族，不懈努力，修炼"匠心"。

# [ 传承 ]

传承，前人是传，后人是承。在事物延续发展的长河中，每个人都是既是前人又是后人，都承担着传和承的双重使命。世上的一切事物都离不开传承。作为非物质文化之一的厨艺，自不例外。回顾人类的烹饪史，从原始人在火上烘烤食物开始，到今天世界上五花八门的现代化烹饪技艺，无论是哪一个民族，都能找到一条清晰的、从不间断的传承脉络。

我学厨50年，早年是师傅向我传授厨艺，他传我承；后来我也收徒向他们传授厨艺，我传他们承。这个过程使我明白，作为个人，在技艺传承的过程中，承是第一位的，更应该受到人们的重视。因为承是学习，承是吸纳，承是积累，承是融会贯通。只有自己学到了，学多了，学通了，才能厚积薄发，才会有给人传的资格和能量。

伴随科技发展，经济繁荣，青年择业之路空前广阔。包括我们厨艺在内的传统手工技艺行业，对年轻人的吸引力已没有早年那么大。因为投身于这些行业，学习这些技艺，肯定要比其他一些新兴热门行业辛苦和多付出。我学厨之初，练一个刀功，前后就是十年，左手的五个手指头，没有一个不被切破过。虽然今天，我们厨艺的传承，不像不少非物质文化遗产的传承，已面临后继乏人而要"抢救"的困境，但它对年轻人的吸引力没有早年那样大了，也是一个不争的事实。

在厨艺的传承中，不管传的人多么有本事，多么真诚和无私，多么殷切和尽心，但对承受者来说，始终只是个外因。世间所有事物的变化，外因只是个条件，起决定作用的是内因。名师固然能出高徒，但起决定作用的还是高徒。我的师傅48岁时收我为徒，他早已身列杭州名厨之列。他对我的要求非常严格，传艺毫无保留。我也学得非常刻苦勤奋。因此，他对我也非常看重，十分满意。我33岁开始收徒，到现在我徒弟的徒弟都已经为师收徒了。我在向徒弟们传授技艺时，以我的师傅为榜样，对每一个徒弟都认真负责，一视同仁；都以身作则、倾我所能。而我的这些徒弟及他们的徒弟也都很争气，很优秀，几乎都成了杭州餐饮界的领军人物。他们之中有中国烹饪大师、杭州工匠，在2016年9月的G20杭州峰会时，我担任餐饮文化专家组组长，负责及主持峰会宴会菜点的筹备和制作。我有三个主要助手，就是我的三个高徒：董顺翔、王政宏、赵再江。峰会的两场最重的宴会：工作午宴和夫人午宴，就是由他们带领他们的徒弟及下属实施完成的。他们有这样的成就和荣耀，作为他们的师傅或师公，我感到很高兴和自豪。但同时，我也更加坚信，他们有这样的成就和荣耀，主要是他们自身有能够获得成就和荣耀的内因。

所以，我认为在厨艺及所有技艺的传承中，传重要，承更重要；传要尽心，承更要用心。两心合一心，包括厨艺在内的中国的传统技艺，就一定会后继有人，前景光明！

## 不是我选择了烹饪
## 是烹饪选择了我

　　1967年，我刚读完高中，准备参加工作，那时候工作都是国家分配，我被分配到原江干区饮食服务公司下属的望海楼菜馆做厨师学徒。当时对厨师这个行业我一点概念都没有，就这样，我进入了至今已操持了50年的行业。

　　刚入行的我，觉得这份工作太辛苦，那个年代没有空调，夏天高温难耐，没有煤气灶，厨师每天的工作如同体力活，不仅要烧菜，还要负责搬煤炭、生炉子。面对如此艰苦的环境，我抱着"干一行爱一行，专一行精一行"的心态，心甘情愿地从小学徒开始做起。

　　做学徒的时候，我什么都学都做，洗切配烧，所有的基本功都是在望海楼里学会的，为我以后的职业生涯打下了坚实的基础。我也特别怀念这段勤奋刻苦的日子，师傅的精心教导，学徒之间的兄弟情深，让我记忆犹新。

我的师傅叫童水林，我有如今的成就和辉煌，与我的师傅的精心传教密不可分。师傅不仅教会我烹饪技术，更教给我一种敬业精神。"作为一名厨师，要为消费者服务，为消费者着想。对食客就像对自己的衣食父母一样，永远不能嫌烦，要按他们的口味来烧菜。他们喜欢吃辣的你就烧辣的，他们喜欢吃甜的你就烧甜的。"师傅说，他早年在官员家做家厨时，烹饪完一桌菜肴后，便

我的师傅童水林

会悄悄地躲在一旁，看哪些菜是客人比较喜欢吃的，哪些菜是客人尝了几口便不动了的。根据客人的食用情况，他就会知道自己做的哪些菜肴还需要改进。师傅对烹饪的执着，深深地打动着我。

师傅曾经对我说："你想成为一个大师，最起码需要两个十年。第一个十年是用来打基础的，是从启蒙入手到得心应手的一个阶段；第二个十年是用来触类旁通的，要掌握各种知识并扩大见识，包括行业以内的东西，如各类食材的性质功效、各地的烹饪技术、原材料的选择等等，也包括行业以外的东西，如美学、摄影、绘画等。掌握了这些，那么后二十年你便可大展宏图了。"

师傅的谆谆教导，使我受益终身。正是在这位亦师亦父的长者的培育关照下，我经过从业前十年的努力，在钻研厨艺的道路上才初有所成。1980年，杭州著名的大酒家——杭州酒家有重要接待任务，需要大量技术能手，我有幸被选入。从市区南隅调到市中心延安路，从钱塘江边跳到了西湖边，真有点小鲤鱼跳龙门的感觉，因为杭州酒家在当时来讲是杭州城里数一数二的名酒店。在领导的信任和同事们的帮助下，我进步很快，不久后就当了厨师长，然后就是副经理。1985年，领导就把这块金字招牌压到了我的肩上，让我出任杭州

酒家经理。

20 世纪 80 年代的杭州酒家

随着改革开放，来杭州旅游的外宾日益增多。我在任期间对杭州酒家进行了几次装修改造，一楼大厅清静优雅，舒适宜人；二楼设了四个餐厅，宽敞明亮，恬静清幽；三楼设的"滴翠楼"专门用于接待外宾、港澳台胞和境外观光团队。杭州酒家当时热闹非凡，大厅里101桌酒席常年爆满。

那时，厨师界学习拼搏的氛围很好，谁有什么新菜和好方法，大家都会聚集在一起研究学习，互相切磋厨艺，劲头十足。我和师兄、徒弟们相处得就像一群志同道合的朋友一样，没有什么条条框框，大家兴趣爱好也特别广泛，所有年轻人喜欢的东西、当时的潮流，我们都能接受。1988年在北京举行的全国第二届烹饪大赛上我夺得了一金一银二铜四枚奖牌；1990年在捷克举办的"布拉格国际大赛"上我夺得了两枚金牌；1992年在上海举行的"中国菜国际烹饪比赛"上我又获得一枚个人金牌；随后的几年里，我还获得过"杭州市劳动模范""国际烹饪艺术大师"以及国家商务部颁发的"十大中华名厨"等多项荣誉。这些荣誉让我对这个行业的前景和未来更加充满了信心。

1990年，我在东欧捷克斯洛伐克首都布拉格市的"杭州饭店"

　　1990年6月，我受命前往东欧捷克斯洛伐克首都布拉格市的"杭州饭店"担任中方经理，负责中国菜的厨艺作业与管理。第一次离开祖国，前往异国工作学习，中西方文化的交流和碰撞，两年多的国外生活和经历让我更加开阔了眼界，也对我今后厨艺的理念产生了深远的影响。

　　两年后我回国，受命负责筹建经营杭州特色菜餐饮的国营店——杭州南方大酒家。当时的杭州餐饮界竞争激烈，个体餐馆崭露头角，让许多享有盛誉的老牌子国营店感到前所未有的压力。到任后，我立志走出一条与众不同的路：立足于杭州菜，取各帮菜系之所长，包括中西合璧，使用新的手法和工艺，使其融会贯通成一体。我把这种创新思路的菜，定名为"迷宗菜"。

　　迷宗，顾名思义，"迷"思万变，不离其"宗"。以传统的杭帮菜为宗，结合新的原材料或新的烹调方法，对各派菜系恰如其分地融合和改良，创造出和谐融合的新口味。迷宗菜敢于吸收外来的食材、外来的烹饪技术，又能打破保守、封闭的门派界限理念。我创造了一系列有"迷宗"特色的菜肴。如"蟹汁鳜鱼""金牌扣肉""文思豆腐""鸽蛋鱼圆""辣子酥羊腿"……这些菜肴不仅丰富了杭帮菜的发展思路，更为杭帮菜系日后的形成与发展，起到了积极的推动作用，也得到了顾客的赞誉、同行的肯定。这使我坚信迷宗菜有强大的生命力，令我更有信心和决心将其发扬光大。

除了独创的迷宗菜外，在杭州南方大酒家及其后的工作中，我和我的团队策划举办了"满汉全席""仿宋寿宴""乾隆御宴""袁枚宴""烧尾宴"等高标准的仿古宴席。这些宴席，注重体现当年的风情民俗，在选用原材料、加工方法、搭配调味料等方面，力求重现中国历史悠久的食文化，展示杭帮菜的儒雅风范和历史渊源。

2004年，集团公司授命我重建杭州酒家，这是我第二次担任杭州酒家总经理。当时我已经56岁，是一匹"老骥"了，但我仍不甘心，决心重新擦亮这块老字号招牌。在我的十年任期里，来杭州酒家举办婚礼的人数逐年递增，酒家每年接待新人200多对，成了杭州婚宴市场上响当当的一块牌子。

2011年，杭州饮食服务集团根据市委、市政府要求，重点打造中国杭帮菜博物馆。我和筹建团队努力挖掘古籍资料，完成了上溯至良渚文化以来，不同历史阶段杭帮菜传承和发展史的调研，细心审核并制作了400余道菜点模型和演示视频，再现了从宋朝的四司六局、《随园食单》、杭州将军府宴、满汉

我向外国学生传授杭帮菜

2011年1月，时任浙江省委副书记夏宝龙接见三代厨师

全席，到新中国成立后的杭帮菜点的历史风貌。博物馆开馆后，我经常在杭帮菜博物馆的市民大讲堂进行烹饪表演与示范，让老百姓品尝正宗的杭帮菜，体会杭州饮食文化。

2014年，杭州饮食服务集团公司成立了我的技能大师工作室，我就开始一门心思地研究创新菜肴、菜肴标准化的事情了。这时的我对餐饮行业的工作更像是一份责任。闲暇之余，我更喜欢看看书、练练书法，提高个人的品位和欣赏能力。我看书，不是看情节，而是找规律，从四大名著到一般的武侠小说我都看，尤其喜欢看金庸的武侠小说。我喜欢看书的时候总结规律。所有事情都有它的规律，了解了它的规律，把握了它的发展趋势，你才能做好它。做菜也一样。中国的烹饪文化从几千年前开始流传到现在，在不断地变化创新。想成为一名出色的厨师，光靠基本功、会几道拿手菜是不够的，而是要有与时俱进、不断创新的理念，才能有经久不衰的生命力。

做好餐饮，很重要的素质是要有一定的欣赏能力。我要求徒弟们知识要全面，能吸取各家之长，融会贯通。其实，要吸取各家之长并不难，但要融会贯通、变成自己的东西，就要花一番精力了。

# 杭帮菜就是杭州菜

　　有人问我，什么是杭帮菜？我的回答是杭帮菜就是杭州菜，这是口头语言和书面语言的差别。杭帮菜的概念可以从技术和文化两个层面上界定。从狭义的技术层面上定义，杭帮菜是：集宫廷、官府、市肆、民间、素菜、船菜等诸多菜式为一体的"清淡适中、制作精致、节令时鲜、多元趋新"的地方城市菜。从广义上说，除了菜式、菜品以外，还包含了餐饮市场、餐饮文化的主体——名店名企、名厨名人等。

　　杭帮菜"清淡适中"的口味是被众人所认可的。中国菜是很讲究味道的，味是菜之魂。虽然"食无定味，适口者珍"，但是菜的口味的地方性是客观存在的。杭帮菜形成的源头是良渚文化的"饭稻羹鱼"，此地先民吃的菜以鱼虾和果蔬为主，口味清淡。公元605年，隋炀帝下令开凿了大运河，同样也开启了杭帮菜南北交融的历史。杭帮菜持续了隋唐五代4个世纪的繁荣。1138年，宋室南迁定都杭州，杭帮菜南料北烹、口味适中，创造了中国菜品文化的历史辉煌，一直影响至今。21世纪的杭帮菜荟萃南北，贯通西东，秉承传统，融会中西，其菜品得到了市民和八方游客的认可。杭帮菜无论如何博采众长、创新求变，口味"清淡适中"仍然为杭帮菜的主要特征。

"制作精致"是杭帮菜的重要特征。指的是选料广泛中求精细、烹调多变中求精工、出品多样中求精致。"节令时鲜"是杭帮菜的显著特点。节令是指节气和时令，是农耕文化和民俗文化的重要内容。杭州地处江湖平原，土地肥沃，河汊稠密，气候四季分明；稻豆果蔬，四季时鲜，交替上市。无论是家常杭帮菜，还是市肆杭帮菜，烹饪皆因时制宜，讲究应时适令，新鲜爽嫩。杭州饮食民俗谚语中有"清明螺，赛过鹅"之说，其代表菜肴酱爆螺蛳，就是江南清明节前后的一道美味；"立夏蝉儿鸣，鸡丝儿莼菜新"，以西湖莼菜为主料，配以鸡丝、火腿做成的"鸡火拌莼菜"，是一道立夏时令佳肴；还有"卤鸭童子鸡，大暑补身体"、"头伏火腿二伏鸡，三伏吃只金银蹄"，等等，不胜枚举。孔夫子的"不时不食""适时而食"的思想，在杭帮菜中体现得淋漓尽致。它是一种与自然的和谐，是生活品质的传统而又时尚的符号。

杭州历来是个开放型城市，素有包容开放的城市胸怀，这就孕育了多元的餐饮文化。杭州建城数千年，先后成为国家的政治中心、军事要塞、商贾重镇、东南佛国、旅游胜地、中国茶都、休闲美食之都等，与此相适应的是，杭州菜有宫廷菜、官府菜、满汉全席、市肆商务菜、寺院素菜、船菜、茶食等菜式的形成和发展，而且菜式之间、菜品之间，原辅调料复合创新，变化无穷。

杭帮菜出类拔萃地集多样菜式于一地，在全国城市菜中独树一帜。改革开放以来，杭帮菜立足杭城、面向全国、走向世界，在继承中挖掘，在交流中学习，在创新中发展。民间家常菜的征集、评选、比赛此起彼伏，仿宋菜、迷宗菜、48道新名菜、杭帮菜108将等创新菜层出不穷。"多元趋新"为杭帮菜声誉鹊起的动力，也是杭帮菜发展的方向。

【杭帮菜特点】

1. 选料讲究：精细、严谨、考究。注重时鲜绿色、健康营养，符合现代人对健康生活的追求。例如，东坡肉：选用金华二头乌猪的五花肉。龙井虾仁：选用青虾，河虾仁。笋干老鸭煲：选用两年的麻鸭。

2. 制作精细：选料广泛中求精细、烹调多变中求精工、出品多样中求精致。冷菜：卤鸭、薄片火腿、糯米藕、千张蒿菜卷、酱鸭舌等；热菜：蟹酿橙、金牌扣肉、芙蓉鱼片、西湖醋鱼等。

3. 注重原味：烹饪时轻油、轻盐、轻调料，口感鲜嫩，口味纯美，注重保持原汁原味。例如，东坡肉、南乳肉、八宝童子鸡、鱼头豆腐、鱼头浓汤、荷叶粉蒸肉、神仙鸭子、春笋步鱼。

4. 清鲜爽嫩：烹调方法以蒸、烩、汆、烧为主，讲究清、鲜、脆、嫩的口味。清：清口、清爽、轻油、轻盐、轻糖、轻芡。鲜：鲜活、鲜洁、新鲜、时鲜。爽：爽滑、爽口、爽心。嫩：软

嫩、鲜嫩、嫩滑、滑络。

5. 因时而宜：孔夫子曰："不时不食""适时而食"。杭帮菜烹饪因时制宜，讲究应时适令，体现出自然和谐之美。春：清明螺，赛过鹅；夏：立夏蝉儿鸣，鸡丝儿莼菜新；秋：秋分板栗上，栗子焖肉香；冬：大寒到，火锅羊肉俏。

6. 开放包容：博采众长，兼收并蓄，融会贯通。

杭帮菜以清淡、轻糖、轻油、轻盐、轻芡，满足现代人对饮食健康营养需求的同时，也满足对审美的需求，让人品尝到酸、甜、苦、辣、咸之五味。

# 第二章
# 牛刀小试

# [ 刀工 ]

刀工是烹调工艺的重要组成部分，我国古时就把刀工与烹调合称为"割烹"。刀工是中餐厨师认为最重要的基本功。历来厨师对刀工极为重视，老一代的厨师，都是花了数十年的工夫来练习这项基本功，运用、整理了一套适应各种烹调要求和食用需要的刀法，创造了很多精巧的刀工技艺，积累了丰富的宝贵经验。刀工与烹调有着辩证的关系。菜肴花色品种繁多，烹调方法因品种不同而各异，需采用不同的刀法将原料加工成符合烹调的要求或食用的风格。随着烹饪技艺的发展，刀工已不局限于改变原料的形状和满足食用的要求，而是进一步美化原料或食物的形状，使制成的菜肴不仅滋味可口，而且形象美观，绚丽多彩，更具艺术性。

*我向徒弟们传授技艺*

# [ 青工比武切肉丝，钱江肉丝拔头筹 ]

1976年，杭州市政府组织了一次各行业的技术比武。布店比量布，看谁量得快；肉店比"一刀准"；糖果店比"一把抓"；中药店比蒙眼抓药；餐饮业比刀工，比切肉丝，不但要比谁切得快，还要比出成率。比赛时每人身后一口大锅，切好的肉丝放到热水锅中现场烫好，端到评委面前去打分，一斤肉要出九两半肉丝，比肉丝细不细、匀不匀。

以前我只知道自己在本店刀工最好，但从来没跟其他店的师傅比试过。这次一比，领导、师傅包括我自己都吃了一惊——我的速度至少比其他店的师傅快一倍！而且切的肉丝又细、又长、又匀。其他店里刀工比较好的师傅，切1斤肉片用1分钟，切1斤肉丝用4分钟，而我切肉片只用25秒，切肉丝只用1分钟。

速度快除了跟苦练有关，还另有窍门：切丝要先切片，然后叠起来切丝，我把肉片摞得厚，1斤肉片摞好后的坯子长度为15厘米，而别人摞得薄，坯子

我向徒弟（从左到右：董顺翔、王政宏）传授技艺

长度为30厘米，这样一来，在速度相同的情况下，就能比别人快一倍，何况本身刀速就快。肉片叠得厚了，很容易会打滑或者倒塌。不滑不塌，技巧何在？其实道理很简单，左手按的力度很重要，太重了会挤出来，太轻了又会滑下来。我苦练了两年时间，才把力度拿捏得恰到好处。另外，刀速一定要快，要一气呵成，肉片还来不及滑出就切下去了。

几次比赛过后，我的切肉丝绝技出了名，跟各个行业的技术能手到全省去巡回表演。为了提高技术难度和观赏性，巡演上我表演在毛巾上切肉丝。这个难度就更大了。因为毛巾不"吃力"，下手太重，毛巾就切破了，如果切得太轻，肉丝又切不断。我切了十多年的肉丝心里有数，这对力道和刀技都有着苛刻的要求。

我左手按住一块里脊肉，右手握刀放平，一片一片地横着批肉片。我批肉片跟别人不同，又软又黏的肉被批成2毫米厚均匀的薄片以后，翻转过来铺在毛巾上，一片片整齐叠在一起，保持了原来肉块的形状。接下来就是切肉丝了。在毛巾上切肉丝的关键是，按着肉片那只手要用巧力，否则肉会被挤出来，必须趁肉还没被挤出来刀就运行过去，这需要速度和准确，也是体力、臂力、腕力、耐力、头脑的配合，心里稍微一犹豫下刀就会有偏差，肉丝便不能切均匀。更何况肉的下面还垫着毛巾，刀锋一滑毛巾就难保了。除了准，力道的控制更要精确，力大了毛巾会被切破，力小了肉丝就会连刀。由于练过多年，面对这样的细致工作，我也没有丝毫压力，肉块瞬间化身肉丝，根根分明，毛巾却纤毫无损，现场一片惊愕。

如此好的肉丝，肯定要配上好菜。"钱江肉丝"一直名不虚传，在我的师傅学厨艺的时候，就有这道菜，以精细的刀工、细腻的口感而闻名。然而当时芡汁过厚，以咸鲜味为主。经过我的改良和创新，把原有的"钱江肉丝"用豆瓣酱炒香，芡汁减少，加入辣油，增加了复合味，口感更加鲜嫩，酱香味十足。此菜在全国第二届烹饪技术比赛上夺得金牌，一时名声大振。

# [ 钱江肉丝 ]

**主料：**猪里脊肉

**调料：**食用油、盐、味精、黄酒、淀粉、甜面酱、酱油、辣油

**制作过程：**

1. 先将猪里脊肉洗净，切成丝，加盐、味精、黄酒、淀粉等调料拌匀，上浆。

2. 起油锅，烧至三成热时，倒入肉丝，划散，至肉丝发白捞起，备用。

3. 在锅中留少许油，加入甜面酱、酱油、味精、黄酒，用水淀粉勾芡，倒入肉丝翻炒片刻装盘。最后淋入辣油，用葱丝、姜丝围边。

# [ 薄片火腿 ]

**主料：**金华火腿

**制作过程：**

1. 将熟火腿四周修齐，切成长 6 厘米、宽 2.5 厘米的块，留臕约为 3 毫米厚，重约 150 克。

2. 将火腿块切成长 6 厘米、宽 2.5 厘米的薄片，共 40 片，排列整齐，待用。

3. 圆盘一只，用火腿碎屑及臕油片经改刀切成小块，于盘中堆成拱桥形作垫底。

4. 用 16 片火腿分别放在拱桥形的两侧，每侧 8 片，最后取 24 片火腿，排齐，用刀面托放在上面作桥面，堆成拱桥形。

5. 两侧桥洞边放上洁净的香菜叶，火腿片上盖一张同样大小的玻璃纸，以保持肉片平整，色泽鲜艳。

6. 临食前，逆刀口方向，轻轻揭去玻璃纸即可。

# 第三章
## 延安路上

　　我自1980年从钱塘江边的望海楼调到杭州市中心延安路上的杭州酒家，到2004年在杭州城北的京杭大运河畔重开杭州酒家，前后24年。我的50年厨师生涯，近一半时间是在延安路上度过的。延安路是杭州老城区商业最繁华的街道，当年杭州的名餐馆，除了楼外楼、山外山、天外天三家在西湖风景区内，其他如杭州酒家、天香楼、知味观、奎元馆、海丰西餐社和梦梁楼等，都立足在这方圆几百米的地块上。这些在杭州餐饮史上都赫赫有名的大餐馆，虽说各有特色，如海丰西餐社以经营西餐为主，知味观和奎元馆以经营面点面食为主，梦梁楼以经营南宋菜为主，但大多兼营杭帮菜，店里的厨师大多是杭州人，烧起杭帮菜来都是行家里手。这里真是群英荟萃！任何一家店的老总及厨师都知道，要在这里站稳脚跟、做大市面，一定得有"八仙过海，各显神通"之真功夫。

# ［70 年代：西湖醋鱼剖开卖］

上世纪70年代，还是计划经济时期，一切商品都得凭票购买，烧菜的材料也不例外。杭州每家饭店能够买到的原料的价格和标准都一样，因此菜量都有统一严格的标准，不然就得亏本。一碗片儿川每家店面的分量是二两半，一斤面粉炸二十根油条，一两面粉做一个馒头。吃片儿川在当时算是很奢侈的消费，三毛五分钱和二两半粮票一碗，如果面不够可以来个"加壹"，那就多付几分钱和一两粮票。调味料在当时稀少而又珍贵，味精算是绝对的高价商品。烧菜的时候师傅都会在旁边盯着，一旦看到徒弟下手过重就立马叫停，不然一不小心，味精的成本就折损了整碗面的利润。

那时鲜货的保存、运输技术都很原始。菜市场里卖鱼用一个大脚盆，上面挂个桶，桶底打几个洞，让水从洞里淋下来，这就是人工的氧气泵了。鱼在菜场还能活一阵子，拿回饭店基本都死了。所以，我们当年做西湖醋鱼时通常用的都是死鱼。西湖醋鱼也是有标准的，一斤四两是全鱼。大家普遍都

穷，买不起一整条，所以都吃醋鱼块，它们的制作方法是一模一样的。1984年，杭州饮食服务公司和北京旅店公司合作，在北京开了"知味观"，供应的菜中自然少不了杭州名菜"西湖醋鱼"。那时北京根本没有草鱼，北京知味观的草鱼都是从杭州冰冻了运过去的，因为鱼大，只能半条半条鱼地卖。

我们杭州酒家离西湖很近。有一回，有外宾要来吃活的醉虾，这下可难倒了厨师们。以当时的技术，这虾养不活啊！客人来的具体时间不确定，只能找一个人在西湖边买好活虾，然后拿个篮子泡在西湖里等着，这一等就等了一个下午。这边说，外宾来啦，赶紧跑到西湖边喊人，拎着活虾跑回来，往弄好的调料里一放，上桌。哇，虾总算是还活蹦乱跳的。

我师傅早年在四川重庆做过10年的厨师。他总和我们说到麻婆豆腐，说在烧豆腐时放入花椒和郫县豆瓣酱，那味道又鲜又香又麻。当时杭州有花椒而没有郫县豆瓣酱，而杭州花椒是不麻的。所以我当时怎么想都想不出来，花椒有多麻。在我心目中，那个年代就是物资缺乏，生产技术落后的年代。

# [80年代：一门心思搞创新，求突破]

## 一门心思一个灶

上世纪80年代，改革开放以来人们物质条件不断丰富，开始追求更高的生活水平。杭州酒家，当时是正宗杭菜的代表菜馆。杭州酒家厨师历来心灵手巧，特别是掌勺的主厨，在炉台上操作时，往往一人要管三只锅子三眼灶。我在望海楼时，师傅是这样做的，我也是这样学的。经过多年历练，我也能自如应对这种一人管三灶、一手持三锅的要求了。不过，常常一个市面做下来，前心后背的工作服都被汗水浸透了。人辛苦没有什么，使人遗憾的是：在这种状态下，只能做一些烹制手段比较简略的大众菜肴。在大众消费水平普遍提高、顾客对精致菜肴要求日益增多的情况下，这种的状态，已经是非常不适应了。后来杭州酒家的炉灶升级换代，从用煤改用了煤气。煤气灶火力旺，出菜速度比煤灶快得多，再要一个人管三个，既吃不消，也不必要。于是我决定：我们的厨师一人只管一个灶，一心不二用，手里在烧什么菜，眼睛就盯牢这只锅。这样，什么样的烹制手段都能应用，什么样的菜肴都能烹制了。这样，不但保证了每款菜肴的烹制品质，而且还为厨师精烹菜肴、创新菜肴提供了一个不可或缺的条件。

实施以后，厨师高兴，劳动强度轻了，提高技艺的机会多了；顾客满意，菜肴质量好了，品尝新菜的机会也多了。没多久，这种方法就被杭州的很多同行采用了！

### 自创壁炉除"预订"

当时大部分菜肴现吃现烧。但有不少菜，如杭州名菜叫化鸡、东坡肉、香酥鸭等，没有半天一天的工夫，是端不上餐桌的。因此，很久以来，对于这类菜肴，餐馆都有一条"预订"的行规。客人想吃这类菜，特别是叫化鸡，需提前一天到餐馆付定金"预订"。随着社会经济的发展，来杭州的外地游客越来越多，不能都做到提前一天来餐馆"预订"。

杭州酒家当时烤制的叫化鸡，质优味美，特别受顾客欢迎。传统的小烤炉已经无法满足顾客日益增长的需求，于是我利用酒家三楼的一面墙壁，设计了一座没有店家用过的、也没有在市面上见过的大壁炉。从外单位请来了专职电工，按我的要求铺设了电路板，炉内分成几个格，可同时烘烤多只叫化鸡。这样一来，到店里来吃叫化鸡的顾客就不用预订了。叫化鸡供堂吃，也外卖，每天都有不少杭州市民来买，也有一些原来没有能力供应叫化鸡的小店家、小餐厅常派人骑车来杭州酒家买，使他们的客人能现点现吃这道脍炙人口的杭州名菜。

## 早茶喝了"头口水"

众所周知，广州人把早点叫早茶。早茶市场很发达，不但本地人喜爱，去旅游的外地人也喜欢。那些年，来杭州旅游的人不比广州的少，可杭州却一直没有一家餐馆卖早茶。我认为这是一个商机，便决定由杭州酒家来带个头，做每天早上6点就开市的早茶。

1985年10月，杭州酒家的早茶开市了，这是杭州第一家。我们推出了杭式酥点、小笼、虾饺、蒸仔排等十多味茶点。同时为营造气氛，我还经过层层打报告，最后找到当时分管财贸的杭州市副市长批准，花1500元购买了一台当时最好的"三洋"牌录音机，在店堂里放广东音乐和流行歌曲。茶点好，有气氛，生意也就红火起来了。生意一红火，动心的人就多了。不久，在杭州做早茶的店家就不止我们杭州酒家一家了，不少杭州人及外地来杭游客也能像在广州一样，在很多餐馆里用"早茶"替代了"早点"。

## 餐馆不再晒肉皮

我在望海楼学厨时，几乎每天要做的一件事，就是把师傅取过精肉的肉皮上的膘油刮净，然后拿到阳台及屋顶上去晾晒。这是因为餐馆所用的猪腿等都是带膘带皮进来的，精肉取出做菜，肥膘割下熬油，肉皮刮净晒干炸发皮，这是行业的传统，大家都这样做。但这种做法却有不少弊病：一是增加厨师工作负担，二是占地方、影响环境，三是不卫生，特别是天热、黄梅天，发霉生虫是常事。

我早就想改改这个传统，在担任杭州酒家经理不久，我要店里的采购员进肉时，不要进整只猪腿，而是要像一些居民买肉一样，只买无皮无膘的腿精肉。从此，杭州酒家的厨师再也不用做刮肉皮的工作了，酒家三楼的露台上再也不苍蝇乱飞、臭气熏人了。后来这个事传开了，杭州餐饮界的同仁纷纷仿效。没过多长时间，大家都采用全精肉了。

## 带头巧用色拉油

我在餐馆做菜时发现，每到冬季，客人吃到后面菜肴总是被猪油冻住。怎么解决这个问题呢？有一次我去海丰西餐社厨房，看到那里的厨师用色拉油炸牛排，这提醒了我。是啊，色拉油是精炼加工的优质食品油，它色泽澄清透亮，气味新鲜清淡，加热时不变色，无泡沫，很少有油烟；遇冷时又不像猪油会凝固泛白，而且还能生拌各种凉菜。于是我就让杭州酒家的厨师试用色拉油烹制虾仁之类的菜肴。实践表明，无论是色、味、质，都一点也不比用猪油烹制的差。随后，厨房开始使用色拉油烧菜。其他餐馆的同行们见此，也都改用色拉油取代猪油和菜油、豆油。有同行认为这是中餐用油上的一个变革，而这个变革就是我带的头。

# [ 90 年代：南方大包风靡全国 ]

1992年6月，位于杭州市平海路和延安路交叉口的南方酒家成立，后来名声大噪的南方大包就诞生于此。

为了与众不同，在南方酒家成立之初，我就决定要创新，尝试新的烹制技艺，包子也不例外。当时我看到在高级宾馆酒店里已经开始使用酵母粉，"官府的东西优于民间"，我决定将这个技艺用到社会化餐饮中。南方大包一开始决定用进口精白面粉"玫瑰粉"发酵后制皮，发酵用酵母粉而不用老碱，这在当时杭州社会餐饮算是第一家。老碱做的馒头不仅黄面孔、硬梆梆，而且还破坏了营养价值；南方大包用酵母发面做的包子雪白、松软，一时间受到市民和游客的青睐，至今还让老百姓津津乐道。

南方鲜肉大包用鲜猪前腿肉、肉皮冻等作馅包，一般1斤面粉只能做9只大包。它洁白饱满，吃口松软，富有弹性，吸取南北方各种包子的特点，故又称"南方迷宗大包"。价格1元1只，价廉物美，实为包子中的佼佼者，还曾创下在杭城一天售出5万只的纪录，全国各大报纸纷纷争相报道。

杭州的南方大包一时声名鹊起，全国各地的厨师都来杭州学习南方大包的制作技艺。后来，随着旧城改造，南方酒家淡出人们的视野，南方大包也不再出现。随着与当年的南方酒家一脉相承的新杭州酒家搬迁至延安路，根据众多老市民的要求，我们重新恢复了"南方迷宗大包"的制作，并开辟专窗销售。供应的品种也依旧是最经典的肉包、菜包和油包三种，统一售价2元1只。队伍长的时候要排上半个小时。

# 第四章
## "迷宗" 心路

随着餐饮业的社会化、市场化、规模化和科学化趋势的增强，餐饮业必须注入现代元素，适应现代消费需求，才能有新的发展。创新是寻求新的工艺、新的食材、新的口味来创造新的菜肴，适应新的需求。要实现产品的创新，先要有理念的创新，以理念的创新指导烹饪技术的创新和经营服务的创新。

创新需要严谨的科学思想，既要尊重客观事物的发展规律，又要具备开拓精神，还要符合实际、可操作。烹饪不仅是一项技术活儿，更是一门学问、一门艺术，它涵盖植物学、动物学、营养学、物理、化学、美学等多方面的内容。我们必须用知识来武装烹饪、用知识来创新技术。

烹饪创新是一项系统工程，不仅要有技术创新，而且要与原材料创新、工具设备创新、器皿餐具创新、环境氛围创新融合起来，这样才能有整体效果。创新要善于博采众长、兼收并蓄、融会贯通，这12个字用好了，就会感觉到我们创新的思路非常多。

中国的八大菜系各有所长，这为我们的博采众长、兼收并蓄、融会贯通提供了扎实的基础和广阔的空间。随着社会经济的飞速发展和现代物质文明的极大提高，人们对餐饮业的需求也有了相应的变化。要适应和满足这种变化，在各大菜系的菜肴及制作方法上择优融合，勇于创新，是一个不可或缺的选择。我们做厨师的，想要在这一点上有所建树，就必须充分借鉴各家之优，取各家之长，为己所用。

"迷宗菜"概括起来，可以理解为博采众长，兼容并蓄，正所谓"适口者珍"。"迷宗菜"的魅力不仅在于它别出心裁的制作手法和工艺，更重要的是在对各派菜系了如指掌的基础上做出的融合和改良。

1992年，我受命组建"南方大酒家"，我的一个重要的经营思路，就是要在所供应的菜肴中体现"迷宗菜"的精髓，让它去接受市场的检验。"南方鳜鱼"就是"迷宗菜"走向市场的一次尝试。它首先采用广式烧鱼的方法将鱼放在油里浸熟，以保持鱼的原味；再取杭州烹饪常用的清蒸，保持鱼肉的鲜嫩；然后采用西餐的做法调汁，用牛奶、蛋清、色拉油炒，掺入富有江南特色的螃蟹肉；最后将调汁浇在鱼背上。此鱼香气四溢、色泽鲜亮、鲜美可口，令人食欲大振。这道菜推出后，很受顾客欢迎，同行们也赞叹不已。这使我信心更足，不断地开发出新的"迷宗菜"。同时也培养出了一大批能够掌握迷宗菜精髓的弟子。不久，一系列的迷宗菜，如"蟹汁鳜鱼""金牌扣肉""文思豆腐""鸽蛋鱼元""辣子羊腿"就应运而生了。"南方迷宗"菜以它独特的魅力吸引着越来越多的顾客。

"迷宗菜"创立后，有同行这样评价，说它对于整个餐饮业发展是一大贡献，不拘一格的思路给新时代的中国餐饮创新，提供了开创性的借鉴。我认为这是过誉了。让我欣喜的是，"迷宗"技法受到了很多同行的肯定和尝试，"南方迷宗"不仅在中国声名鹊起，还飘洋过海远渡东瀛。1996年初在上海举行的中国烹饪世界大赛中，日本五大中菜馆之一的雅秀殿的田中厨师长，以一手"迷宗菜"技惊四座。

我认为，"迷宗"的实质就是一种开拓、融合和创新。这是由中国的历史悠久、地域广大、民族众多的国情所决定的。历史悠久，饮食文化的文化内涵就深厚；地域广大，饮食文化的物产条件就丰富；民族众多，饮食文化的烹饪技艺就多彩。再加上数千年来中国历史的变迁、人口的流动、民族的迁徙，都为中国饮食文化的交流融汇创造了实现的机遇。这种机遇不仅仅体现在杭州菜的丰富发展进程中，在中国八大菜系的发展史上，我们都能找到这种融汇兼蓄了其他菜系优秀养分的章节。中国各大菜系的繁荣发展，或多或少，都是有"迷宗"的成分和功劳的。

# [ 迷宗不是无宗 ]

在我推出"迷宗菜"后,不少评价文章都说这是一种"无宗无派"的创新菜。但我认为,说是创新菜,完全正确,说是"无宗无派",是不确切的。因为我的迷宗菜是有"宗"的。在创制迷宗菜时,我追求的目标是,要博采中国八大菜系之长。这个八大菜系之长的"长",这就是迷宗菜的"宗"。至于"派",也是有的。为什么在杭帮菜的基础上创立了迷宗菜?因为杭帮菜的基础好,口味清淡,制作精细,其他口味食材叠加在杭帮菜上,能够互相融合,取长补短,创新独特。迷宗菜,可以别出心裁地使用各种制作手法和工艺,但万变不离其宗,杭帮菜的理念文化不能变。"迷宗菜"要创新,要吸收其他菜系之长是对的,但不能邯郸学步,还是要以杭州厨艺为根基,创制出有杭州厨艺个性也即"派"的"迷宗菜"才是正道。世上的事物都是有个性才有共性的,迷宗菜也一样。迷宗菜杭州厨师可以创制,其他地方的厨师也可以创制。若是大家都舍弃了本地厨艺之长,求统一,求一派,那迷宗菜就成了中国的"KFC(肯德基)"了。

# [融汇不是"打包"]

创制"迷宗菜"最根本的一条，就是要融汇兼收其他菜系之长、为己所用。但中国八大菜系之长数不胜数，如何融汇？融汇什么？融汇的标准是什么？这些都是问题。我的理念是"择宜融汇"，不是"打包兼收"。所谓"择宜"，就是要从杭州菜的根基出发，按中国菜肴的基本要求即"色、香、味、形、养"的标准去选择。同时，在择宜上，还要考虑厨师的宜做。迷宗菜是日常应市的大众菜，不是技艺大赛的作品和展品，制作时间和条件都是有限制的；还要考虑顾客的宜食。这宜食也有标准，一是味美，二是有益，即绿色健康；更要考虑市场的宜承受。这一点很重要。现在是商品社会，餐饮市场的最大消费者是普通的老百姓。搞菜肴创新，提高菜肴的品位，增加它的文化含量和色彩是对的，但还必须考虑到顾客的承受能力。如果过分地精雕细琢，追求高档华贵，不但市场无法承受，也有悖于我们社会的核心价值观。

# [在"和"字上下功夫]

厨师烧菜，做的是调和五味的工作。"调和五味"是中国厨师工作的核心内容，也是中国饮食文化中最关键、最有持续发展性的篇章。从秦时吕不韦的《吕氏春秋·本味》篇开始，到近现代的中国饮食文化专著，都对调和五味的重要性作过理论阐述。唐朝诗人就写下过"盐梅金鼎和美味"的诗句。今天，随着社会的发展及物质条件的日渐优越，中国各大菜系的"调和五味"手段和方法也前所未有地发展了。每一个厨师，都可以用他的聪明才智，从"咸、甘、酸、辛、苦"五味出发，为顾客烹制出鲜美适口的千滋百味来。

要从融汇八大菜系之长来创制迷宗菜，可供我选择的菜品及"调味"的食材和技法有如天上的繁星，如果没有一个明确切实的选择标准，我和我的同仁们一定会陷入老虎吃天，无从下嘴的窘境。怎么办？那就在"调和五味"的"和"字上下功夫。

五味是厨师的工作对象。它从字面上来说，是五个字，古人称：咸、甘、酸、辛、苦，其中的"甘"和"辛"现代人一般称其为"甜"和"辣"。但实际上，厨师在烹饪中要调和的绝对不止这五味。因为这五味不是单纯指烧菜时外加的调料，更是指菜肴本身的食材。世上食材千千万，各有各的本性，各有各的滋味，厨师都要去了解、去掌握，才有可能对它们进行"调"。而"和"是调的前提，各种食材和调料，只有它们在本性上是"相和"而不是"相克"的，才能让厨师实现"调和五味"的最终目的——烹制出美味的食品。对于我们来说，就是要从"和"的前提出发，去选择、去采用"迷宗菜"能融汇的食材和技法，让顾客享用到鲜美适口的新菜品。

"烹饪是艺术，饮食是文化"。杭州菜经历了南宋文化一直到现在，已经形成了自己独特的文化内涵，人文底蕴越来越深厚。老百姓对饮食的要求也在督促我们这些做餐饮的人，不断创新和进取。

# [ 西湖醋鱼皇 ]

**主料：** 鳜鱼

**辅料：** 生姜末

**调料：** 黄酒、酱油、糖、米醋、胡椒粉、生粉

**制作过程：**

1. 将鳜鱼饿养一两天，使鱼肉结实。烹制前宰杀洗净。

2. 将鱼身从尾部入刀，剖劈成雌、雄两爿。在鱼的雄爿上，从离鳃盖瓣 4.5 厘米处开始，每隔 4.5 厘米左右斜批一刀，共批 4 刀，以便烧煮。在雌爿剖面脊部厚处向腹部斜剞一长刀，不要损伤鱼皮。

3. 炒锅内放清水 1000 毫升，用旺火烧沸，然后将雄爿和雌爿并放，鱼头对齐，鱼皮朝上，盖上盖。待锅水再沸时，启盖，撇去浮沫，转动炒锅，继续用旺火烧煮约 3 分钟，用筷子轻轻地扎鱼的雄爿额下部，如能扎入即已熟。锅内留下 100 毫升的汤水，放入酱油、绍酒、姜末，将鱼捞出，放入盘中。装盘时将鱼皮朝上，把鱼的两爿背脊拼成鱼尾段与雄爿拼接，并沥去汤水。

4. 锅内原汤汁中，加入白糖、米醋和湿淀粉调匀的芡汁，用手勺推搅成浓汁，浇遍鱼的全身即成。上桌时随带胡椒粉。

**特点特色：** 色泽红亮，肉质鲜嫩，酸甜可口，略带蟹味。

**创新之处：** 选用刺少、肉肥无泥土味的鳜鱼制作。

# [ 金牌蟹汁鳜鱼 ]

**主料：**鳜鱼、蟹肉

**辅料：**火腿末、葱、姜

**调料：**牛奶、精盐、绍酒、色拉油、胡椒粉

**制作过程：**

1. 鳜鱼洗净制成波浪花刀，加绍酒、精盐、姜葱，腌渍约 20 分钟。

2. 锅上火入油，将鱼入温油锅内浸至成熟装盘。

3. 另起锅炒蟹肉，放入姜末、牛奶、蛋清、胡椒粉调味勾芡，盛入色拉壶，撒上火腿末，跟鱼一起上桌，浇汁在鱼身上即可。

**特点特色：**此菜色泽亮丽，造型朴实新颖，鱼肉鲜嫩滑润，鲜咸合一，奶香扑鼻，上桌浇汁更是趣味无穷。

**创新之处：**运用油温浸养的烹调方法，使鱼肉颜色鲜艳滑嫩，酱汁运用西式的方法制作上桌浇汁，增强客人的食趣。

# [ 法式熏鳜鱼 ]

**主料：** 鳜鱼、大米

**辅料：** 生姜、葱、香叶

**调料：** 盐、糖、色拉油、黄酒

**制作过程：**

1. 鳜鱼去龙骨取雄、雌排两片肉。

2. 将鱼肉加生姜、葱、盐、黄酒腌制 8 小时后取出，晾干。

3. 锅内加糖、米饭、香叶，放入置物架。将鱼肉放在架子上，盖上锅盖，开火烟熏至鱼肉表面金黄色。

4. 将烟熏好的鱼肉入蒸箱蒸熟，取出冷凉切片装盘。

**特点特色：** 鱼肉表面色泽金黄、口味咸鲜，肉质紧实细嫩、烟熏味浓郁，别具风味。

**创新之处：** 运用烟熏的烹调方法，色泽微黄，给人以味觉与视觉的美好感受。

# [ 干菜酥鱼 ]

**主料：**草鱼、绍兴梅干菜

**辅料：**葱、姜、茴香、桂皮

**调料：**酱油、白糖、黄酒、盐

**制作过程：**

1.草鱼去鳞，开膛取出内脏，对剖开，用斜刀劈切成瓦块状，放入盆内。加黄酒、盐、酱油腌制2小时后取出，晾干。

2.锅内加水、黄酒、葱、白糖、茴香、桂皮、梅干菜（用纱布包牢），用旺火煎熬至汁水起黏性时，捞出葱、姜、茴香、桂皮离火，制成卤汁待用。

3.再用一个锅，放在旺火上加入色拉油，烧至到八成油温时，取鱼块逐渐下锅，炸至外层结壳时捞起，待油温回升至八成时，将鱼块复炸，炸至外层呈深棕色时捞起，放入卤汁中，加盖焖约1分钟捞起，装盘即可。

**特点特色：**干菜酥鱼具有外香里嫩、鲜酥可口、咸甜兼之、回味浓郁等特点，是传统地方风味名菜。

**创新之处：**在杭州酥鱼的基础上加入了绍兴梅干菜，使鱼的味道更加醇香浓郁。用鱼尾做造型，使此菜更加大气。

# [ 花瓣鸡汁鳕鱼 ]

**主料：** 银鳕鱼

**辅料：** 猕猴桃、车厘子

**调料：** 姜末、精盐、绍酒、白胡椒粉、吉士粉、淀粉、面粉、色拉油、鸡汁酱、
卡夫酱、奉化白醋、白糖

**制作过程：**

1.(a) 猕猴桃去皮切厚片入净盛器待用。

(b) 鳕鱼去皮切成长方块，入姜末、精盐、绍酒、白胡椒粉腌渍
入味待用。

(c) 吉士粉、淀粉、面粉加水调成糊状待用。

2.(a) 色拉油入锅上火至油温165℃左右，将鳕鱼入面糊包裹均匀，
入锅炸至成熟，色成金黄出锅装盘成形。

(b) 鸡汁酱、奉化白醋、白糖、精盐调汁勾芡，淋浇于成品鳕鱼上，
缀以猕猴桃、车厘子，饰以卡夫酱即成。

**特点特色：** 此菜立意新颖，传统与时尚相融，集酸甜、鲜嫩、咸香、清新
于一体，观之赏心悦目似花瓣，食之齿颊留香有余韵。

**创新之处：** 选用中式的烹调方法，西式的调料，巧妙地融于一体，给食客
以赏心悦目和花漾的感觉。

# [ 蛋黄银鳕鱼 ]

**主料：** 银鳕鱼

**辅料：** 咸蛋黄

**调料：** 鸡精、味精、糖

**制作过程：**

1. 鳕鱼取料成4厘米见方的块，加葱段、姜片、盐、黄酒腌制10分钟。

2. 挑去葱段、姜片，将鳕鱼用吸油纸把表面的水分吸干。炒锅下油，将油锅烧至四成热时，下鳕鱼。大约养炸3分钟，将鳕鱼捞出。

3. 将锅内油倒出，锅内剩少许油，下咸蛋黄，小火推炒，加入鸡精、味精、糖、养熟的鳕鱼，咸蛋黄均匀地包裹在鳕鱼上即可。

**特点特色：** 咸蛋配鳕鱼，时鲜时尚；鳕鱼鲜嫩，入口即化；咸蛋黄香鲜细腻。是一道色艳、味美、营养的佳肴。

**创新之处：** 鳕鱼和咸蛋黄的结合，烹调出别具风味的菜肴，回味无穷，营养价值高，适宜各个年龄段的人食用。

# [ 椒麻黄鱼鲞 ]

**主料：**脱脂黄鱼

**辅料：**熟土豆、青大蒜、干辣椒

**调料：**辣油、椒盐

**制作过程：**

1. 黄鱼取下头尾，切成方块，熟土豆按成饼状，备用。

2. 锅里加油，鱼头养炸 2 分钟捞起，淋上辣油，撒上白芝麻待用。再将土豆饼养炸，待土豆饼炸制成金黄色捞起，锅内油倒尽，放入蒜泥、洋葱末、胡萝卜末炒香，下土豆饼，撒上椒盐，翻炒均匀即可装盘。

3. 再起油锅，黄鱼养炸至成熟，表面金黄即可捞起，锅里油倒尽，放入葱段，姜片煸炒，下黄鱼，烹入黄酒即可出锅。黄鱼装在土豆的上面。锅里加入辣油，放入干辣椒段、花椒炒制出香味，盖在黄鱼上。

4. 最后放上香菜、小麻花、大蒜花点缀即可。

**特点特色：**此菜原料简单，以黄鱼为主料，配以土豆煸炒，成菜肉嫩味鲜，辣香味浓，别具风味。

**创新之处：**黄鱼肉质细嫩紧实，同土豆同烹，辣椒椒香四溢，诱人食欲。

# [ 葱豉带鱼 ]

**主料：** 鲜带鱼

**辅料：** 豆豉、小葱、生姜、大蒜子

**调料：** 盐、味精、酱油、白糖、黄酒

**制作过程：**

1.带鱼切段加盐、黄酒、小葱、生姜腌制2小时，使鱼肉紧实且略带底味；豆豉用水泡开，加油熬制成熟调味后连油倒入盛器中。

2.小葱切段入锅内煎熟备用。

3.锅内加油烧制六成油温，放入带鱼炸至表面金黄捞出，锅内留少许油，放入葱段、姜片、大蒜子、豆豉煸香；再加入酱油、黄酒、水糖烧开后，放入带鱼改小火煨至汤汁浓厚、带鱼入味捞出；再放入豆豉油中浸泡，2小时后捞出装盘即可。

**特点特色：** 汁浓味醇，色泽鲜艳，鱼肉鲜嫩，豆豉清香，具有乡土风味。

**创新之处：** 口味独特，可增添食客的食趣。

# [ 油爆大虾 ]

**主料：** 鲜活大河虾

**辅料：** 小葱、生姜

**调料：** 糖、醋、麻油、酱油、醋、黄酒

**制作过程：**

1. 将虾剪去须、脚、钳，洗净沥干水分。

2. 炒锅下油，旺火烧至九成熟时，将虾入锅，用手勺不断推动，约炸 5 秒钟即用漏勺捞出。待油温升至八成时，再将虾复炸 10 秒钟使肉与壳脱开，用漏勺捞出。

3. 将锅内油倒出，放入葱段略煸，倒入虾，烹入黄酒，加酱油、白糖及少许水，颠动炒锅，烹入醋，淋入麻油装盘即可。

**特点特色：** 虾壳红艳松脆，入口一舔即脱，虾肉鲜嫩，略带甜酸。

**创新之处：** 虾经过高油温炸，外酥里嫩。

# [ 芝士焗大虾 ]

**主料：**对虾 10 只

**辅料：**即食芝士五片、面包糠、姜

**调料：**盐、味精、黄酒

**制作过程：**

1. 对虾去头,从虾的背部开刀去肠清洗干净,用适量酒、盐、姜汁腌制。

2. 将处理好的对虾从背部劈开放平,然后放入烤箱(180℃)烤三分钟。将虾取出来。

3. 将芝士放在对虾上,然后放入烤箱继续烤一分钟。芝士融化的时候将烤盘拉出,将面包糠撒在芝士上边再放入烤箱,经过两分钟的热烤,面包糠表面焦黄即可。

**特点特色：**虾仁鲜甜爽口,芝士奶香美味,面包糠焦香脆口。虾肉中含有蛋白质、脂肪,钙的含量为各种动植物食品之冠,特别适宜于老年人和儿童食用。

**创新之处：**虾的烹饪无论煎、煮、炒,其味道鲜美,营养丰富。芝士和面包糠焗的大虾,其味道奶香,口感爽脆鲜嫩,做法简单,下饭佐酒都不错。

# [水上芭蕾]

**主料**：大对虾

**辅料**：面包片、猕猴桃

**调料**：精盐、绍酒、姜末、胡椒粉、橄榄油、色拉酱

**制作过程**：

　　1.对虾去头去壳开背，加精盐、绍酒、姜末、胡椒粉腌制入味，虾片淋上橄榄油，缀上面包片和虾头同上盘，入烤箱微温烤至成熟取出。

　　2.取盘一只，将成品重新排列装盘，缀上猕猴桃，淋上色拉酱即成。

**特点特色**：此菜设计新颖时尚，选料讲究，口味集甘甜鲜香嫩于一体，造型犹如纯美舞者，如梦如幻。

**创新之处**：选用中式的烹调方法，西式的调料，巧妙地融于一体，整齐排列，使此菜犹如冰上舞者，如梦如幻。

# [ 龙虾芙蓉蛋 ]

**主料**：龙虾、鱼茸、鸭蛋、鸡蛋

**辅料**：黄椒、青椒、红椒、干贝丝、新鲜茶叶、鱼子酱

**调料**：盐、生粉

**制作过程**：

1. 将龙虾洗杀取肉，将龙虾肉成虾仁大小的块状上浆备用；头尾蒸熟，修剪成形备用。

2. 鸭蛋最尖处剪去小半个壳，将蛋液倒出备用。三种颜色的彩椒刻成京剧脸谱美猴王的形态，放入剪好的鸭蛋壳中，酿入鱼茸，上蒸笼小火蒸制10分钟，取出剥掉鸭蛋壳备用。

3. 将鸡蛋壳剪去三分之一，蛋汁倒出洗净。蛋液加盐、水再倒入鸡蛋壳中，蒸成水波蛋备用。

4. 将龙虾肉烧好，装入蒸好的鸡蛋壳水波蛋中，插上茶叶，点上鱼子酱即可。

**特点特色**：芙蓉蛋也称水波蛋，是杭州民间一道颇具营养的家常菜。这道菜鲜美滑嫩，特别适合老人和小孩食用。龙虾芙蓉蛋色泽嫩黄如出水芙蓉，加上精致的龙虾肉，造型精巧清新，口味鲜美自然，是杭城的一道创新名菜。2008年在纽约联合国总部举办的中国美食节上深受中外宾客的欢迎。

**创新之处**：龙虾取肉类似龙井虾仁的制作方法，和芙蓉蛋巧妙结合，鲜美嫩滑，滋味鲜美，老少皆宜。龙虾头尾造型新颖别致。

# [龙井问茶]

**主料：**面粉、虾仁、瑶柱、火腿、母鸡

**辅料：**菠菜汁、清鸡汤

**调料：**浓茶汁、盐、鸡精、味精

**制作过程：**

1. 将绿色素菜榨成汁，用龙井茶叶泡浓茶水，在绿色素菜汁内加入适量的浓茶水和碱水待用。

2. 面粉中加入绿色混合汁水和面，搓团待用。

3. 将鸡清洗干净后放入清水中煮三小时制成清汤。

4. 河虾去壳后挤出虾仁，然后将虾仁上浆。

5. 取一小块绿色面团搓成两头尖的小长条，用工具压扁成叶状，然后刻上茶叶的纹路。取一小块面团搓成一头尖的茶叶芯状。取2片已刻好纹路的茶叶面片和面茶叶芯捏成两叶一芯的明前龙井茶状。

6. 将做好的"茶叶"放入沸水中余熟、捞出，再用冷开水浇淋，沥干后装盘备用。

7. 将浆好的虾仁倒入油锅滑炒，熟后捞出放入茶盅内，再加"茶叶"。

8. 将烧开的清鸡汤倒入茶盅即可上桌。

**特点特色：**制作精致，造型逼真，口感鲜美。

**创新之处：**龙井问茶研发灵感源于知味观的点心"猫耳朵"和西湖龙井茶，把两者结合研发了杭州十景"龙井问茶"。用鸡汤冲泡后上桌，可谓色香味型俱全。

# [ 南宋蟹酿橙 ]

**主料：**应季鲜橙、清水大闸蟹

**辅料：**生姜、杭白菊、香雪酒

**调料：**糖、盐、米醋、生粉

**制作过程：**

1. 鲜橙顶部开口取肉掏空备用。

2. 大闸蟹隔水蒸熟，剔蟹粉备用。

3. 蟹粉加入姜末用猪油旺火煸香，烹入香雪酒、杭白菊、橙肉、盐、糖、米醋调味后勾芡制成馅料。

4. 将馅料装入鲜橙加盖密封，外部包裹玻璃纸后灌入杭白菊、香雪酒封口，上笼旺火急蒸即可。

**特点特色：**根据宋朝著名美食家林洪所著《山家清供》记载，结合现代烹饪技法开发研制而成。其色艳形美，橙香蟹鲜，风味独特，使人有一种新酒、香橙、菊黄、蟹肥之雅兴，口味醇浓，果香浓郁，催人食趣，更具别样韵味。

**创新之处：**从古书挖掘，用现代烹饪技法开发研制，口味醇浓，果香浓郁，老少皆宜。

# [杭州六月黄醉蟹]

**主料：**夏季西湖蟹

**辅料：**生姜、葱、大蒜子、茴香、桂皮、香叶

**调料：**精盐、绍酒、花椒、冰糖、酱油

**制作过程：**

1. 蟹洗净沥干，花椒塞入蟹脐待用。

2. 精盐、绍酒、葱、生姜、花椒、冷开水调成汤汁，取瓷罐一只，放入蟹，倒入汤汁至蟹平封口，入冷藏箱腌制2至3天入味即成。

**特点特色：**该菜肴色泽自然、和谐，清香宜人，口味纯正、咸鲜合一，食之回味无穷，为杭州夏季时令佳肴。

**创新之处：**以农历六月时将成熟湖蟹为主料，沿袭杭州秋季传统醉蟹制作方法并加以改良，口味咸鲜合一。

# [ 醉红膏蟹 ]

**主料：**红膏蟹

**辅料：**葱、姜

**调料：**酱油、花雕酒、冰糖、盐、味精

**制作过程：**

1. 蟹洗净沥干，花椒塞入蟹脐待用。

2. 酱油、盐、花雕酒、葱、姜、花椒、冷开水调成汤汁，取瓷罐一只，放入蟹，倒入汤汁至蟹平封口，入冷藏箱腌制2至3天入味即成。

**特点特色：**蟹经花雕酒等调料腌制而成，膏红蟹肥，肉白细腻，绵软细滑，微甜略咸，酒香浓郁，风味独特。该菜2005年被评为中国名菜。

**创新之处：**选用花雕酒、酱油、冰糖等调料腌制红膏蟹，口味微甜带咸，酒香浓郁。

# [ 蟹粉莼菜鱼珠 ]

**主料：** 鱼茸、莼菜、蟹粉

**辅料：** 生姜末、蟹油、鸡汤

**调料：** 盐、味精、胡椒粉、生粉、黄酒、米醋

**制作过程：**

1. 把鱼茸做成珍珠大小的鱼圆备用。

2. 锅内起蟹油加姜末、蟹粉煸香，烹入黄酒至酒气上扬，加入鸡汤调味烧开后放入莼菜、鱼圆，淋入生粉勾芡即可。

**特点特色：** 选用西湖的大闸蟹、鲢鱼和莼菜精心烹制，莼菜清香，蟹粉鱼圆鲜嫩，味美滑润，色泽悦目。

**创新之处：** 选料西湖上等食材，结合现代烹饪技法开发，在传统鱼圆改良成珍珠大小。与蟹粉、莼菜完美结合，口味鲜美醇正。

# [ 八宝酿鸡翼 ]

**主料：**鸡翅

**辅料：**生姜、小葱、糯米饭、干贝、熟火腿、水发香菇、豌豆、玉米粒

**调料：**黄酒、味精、盐、麻油

**制作过程：**

1. 将鸡翅去骨洗净，要求皮不破。

2. 香菇、糯米饭、干贝、玉米粒一起调味拌匀做成馅心；灌入鸡翅中，在开口处用牙签扎牢，以防内部原料漏出。

3. 在锅内放入葱、姜、酱油、黄酒和鸡翅小火烧制 30 分钟。至鸡翅颜色红亮、汤汁浓厚时，拔掉牙签装盘，淋上原汁即可。

**特点特色：**整翅脱骨，形完整，颜色红亮，肉鲜嫩，营养丰富。

**创新之处：**由八宝童子鸡改良而来，使传统菜在形态和口味上更适合现代食客的喜好。

# [ 糯米熏风鸭 ]

**主料：**大白鸭、糯米

**辅料：**咸肉、香菇、白果、生姜、小葱

**调料：**盐、鸡精、十三香、味精、干辣椒、花椒、茴香、桂皮、小葱

**制作过程：**

1. 锅里加油煸炒姜、葱、干辣椒、花椒至香，烹入黄酒，放入水、鸭同煮至熟捞出，用一大锅，锅里放入米饭、白糖、香叶，把烧熟的鸭子熏至淡黄色即可。再把鸭骨头拆净，将咸肉、香菇、白果放入糯米内一起蒸熟，调味制成八宝糯米饭。

2. 将八宝糯米饭贴在鸭脯上，上笼蒸制1小时，使鸭子和糯米饭合为一体。

3. 再将锅烧热，鸭子入锅煎至两面金黄色，改刀切成4厘米的方块即可。

**特点特色：**此菜鸭肉酥而不烂，糯米香脆，口感独特。

**创新之处：**借鉴稻草鸭的制作方法，整鸭去骨，与糯米饭相结合，使之色泽红亮、滋味多样，颇受宾客的喜爱。

# [ 锅巴鹅肝茄盒 ]

**主料：** 东北茄子、鹅肝

**辅料：** 核桃仁、锅巴、香菇、肉末、青红椒丁、酒酿、面粉、生粉

**调料：** 盐、味精、鸡精、胡椒粉、豆瓣酱、辣油

**制作过程：**

1. 东北茄子切成夹片后，酿入鲜鹅肝。

2. 起油锅，待油温升至四成时，将做好的茄夹挂糊下油锅炸制至金黄色即可捞起。再将锅巴下油锅炸至酥脆。

3. 将肉末、青红椒丁、香菇丁炒香，放入豆瓣酱调味，勾芡，淋在炸制好的茄盒上，放上核桃仁即可。

**特点特色：** 此菜外脆里嫩，口感细腻独特。

**创新之处：** 鹅肝和茄子的结合烹调出别具风味的菜肴，回味无穷。

# [ 香薰绯红虾拼鹅肝 ]

**主料：** 鲜鹅肝、绯红虾

**辅料：** 生姜、葱、柠檬、胡萝卜、黄瓜、朝天椒

**调料：** 盐、糟泥、糟油、味精、鸡精、加饭酒

**制作过程：**

1. 锅内加水烧开放入小葱、生姜、黄酒，再放入鹅肝关小火，鹅肝浸养成熟后捞出，用冰水冷凉；

2. 将糟泥、糟油、味精、盐、鸡精、葱、姜加开水，调成槽糟水；

3. 将鹅肝浸在糟水中腌制 8 小时；

4. 绯红虾解冻去壳，去除虾表面红色的筋，对切后用冰水加柠檬汁浸泡去除虾的腥味，使虾肉更洁白；

5. 胡萝卜、黄瓜切片做成山水状，鹅肝切片靠在胡萝卜上面，朝天椒点缀即可。

**特点特色：** 整体造型大气美观，鹅肝口感滑嫩，绯红虾肉质鲜甜肥美、浓郁香滑。

**创新之处：** 选用地中海水域 500 米以下的绯红虾，其营养价值极高，原汁原味，尤其是绯红虾的虾脑，特别鲜甜细美。鹅肝采用浙江绍兴的酒糟作主要调味料，别具风味，深受食客喜爱。

# [武林东坡牛腩]

**主料：** 牛腩

**辅料：** 柠檬、红枣、葱、姜、蒜、干椒

**调料：** 桂皮、茴香、八角、酱油、香雪酒、白糖、橄榄油

**制作过程：**

1. 牛腩洗净切块入沸水锅过水，去杂质，起锅待用。

2. 取大砂锅一只，底层依次放入小葱、姜、蒜头及牛腩，加入酱油、香雪酒、白糖，适量桂皮、茴香、八角及沸水，置火上烧沸，用中、小火焖、爠至酥，汤汁略稠，起锅装入小炖盅内。

3. 将牛腩炖盅入蒸锅内，隔水蒸20分钟左右出锅，打开盖依次放入适量葱花、蒜末、干椒，用少量热橄榄油淋浇增香即成。食用时在牛腩上略滴入少许柠檬汁提鲜。

**特点特色：** 此菜承继东坡肉"少著水，慢著火"之古法，又融入南宋洪迈《夷坚志》爠鸭制法"天未明，赍诣大作坊，就釜灶寻治成熟"之意。此菜形朴实，色红亮，味醇浓，入口酥糯，层次丰饶。

**创新之处：** 在烹调方法上选用了杭州名菜东坡肉的制作方法。

# [ 羊肉狮子头 ]

**主料：**羊肉末

**辅料：**娃娃菜、莴笋、蟹粉、姜末

**调料：**黄酒、盐、味精、胡椒粉

**制作过程：**

1. 将羊肉末加盐、味精、胡椒粉、姜末、黄酒打上劲加入生粉，做成羊肉狮子头，放蒸箱蒸制一个小时备用。

2. 将娃娃菜雕刻成莲花状，焯水备用；莴笋挖球焯水备用。

3. 炒锅烧热加红油，煸炒姜末、蟹粉至香，烹入黄酒、鸡汤调味，然后勾芡。

4. 羊肉狮子头放在娃娃菜上装盘，淋上蟹粉汁，莴笋球点缀即可。

**特点特色：**羊肉口感细腻、嫩滑，蟹粉清香，蟹肉鲜美，薄芡如琉璃晶莹剔透，使人食后齿颊留香。

**创新之处：**在扬州蟹粉狮子头的基础上进行改良。羊肉的营养价值高，肉质比猪肉要细腻，脂肪、胆固醇含量比猪肉、牛肉都要少，是补虚益气的佳品。

# [ 烤羊腿 ]

**主料：** 羊腿

**辅料：** 栗子饼、小葱、生姜

**调料：** 盐、鸡精、花椒、干辣椒、茴香、香叶、桂皮

**制作过程：**

1. 羊腿焯水，清洗，去除杂质和血污。花椒、干辣椒、茴香、香叶、桂皮、小葱、生姜下锅炒香，加水至将羊腿盖住即可，调味。羊腿烧熟至酥，捞起。羊腿冷却后去皮，去掉多余的脂肪备用。

2. 羊腿上蒸箱蒸 20 分钟，然后在羊腿上抹上烧烤酱料。再上烤箱，上层 180℃，下层 200℃烤至金黄色（大约 20 分钟）。

3. 上桌随带面饼和五味小碟（咖喱椒盐、原味椒盐、香菜末、孜然味椒盐、辣味椒盐）即可。

**特点特色：** 羊腿酥而不烂，表皮香脆，口感细腻、嫩滑，肥而不腻，瘦而不柴。

**创新之处：** 羊腿白卤至酥，先使其入味，运用香料使其风味独特。

# [ 红烧仔排 ]

**主料：** 中仔排

**辅料：** 栗子饼、笋干菜

**调料：** 黄酒、酱油、白糖、鸡精、味精

**制作过程：**

1. 将仔排切成 8 厘米的块备用；

2. 起大油锅，油温升至六成，下排骨炸至三成熟，捞起。锅内油倒尽，加入葱、姜、笋干菜煸炒至香，倒入排骨翻炒，烹入黄酒至香，加入酱油和水，用大火把汤汁烧沸，改小火烧制（大约 80 分钟）。

3. 待排骨烧酥后，改中火自然收汁成酱红色，将芹菜末、红椒末炒香点缀，配上栗子饼即可。

**特点特色：** 排骨色泽红亮，味醇汁浓，酥烂而形不碎。

**创新之处：** 在红烧排骨的基础上加入了笋干菜，使其味道更加的浓郁。大根的排骨，使人更有食欲。

# [三椒干果海参]

**主料：**三色彩椒、关东辽参

**辅料：**各式干果

**调料：**杭州豆瓣酱、葱、姜

**制作过程：**

1. 关东辽参水发备用。

2. 三色彩椒去顶雕刻成盖碗状备用。

3. 水发辽参改刀成颗粒状，入高汤煨制。

4. 煸香葱、姜、小料，加入杭州豆瓣酱，将辽参带高汤入锅，收浓汤汁，装入彩椒，撒上干果碎粒即可。

**特点特色：**装盘造型新颖别致，红、黄、绿三色交相辉映，色泽亮丽悦目，口感鲜糯香脆，汤色红亮，完美体现了新派创新杭帮菜清新雅致、精美时尚的特点，且兼具一定的食疗保健作用。

**创新之处：**选用红、黄、绿水果椒作为盛器，装盘简洁新颖，制作上选用杭州豆瓣酱，口味浓郁醇正。

# [一品布袋炖辽参]

**主料：**关东辽参

**辅料：**娃娃菜、瑶柱、虾仁、鸡汤、生姜、小葱

**调料：**盐、味精、黄酒

**制作过程：**

1.关东辽参水发备用，瑶柱加黄酒、葱、姜蒸好备用。

2.娃娃菜氽水后剪去菜心，酿入虾仁后扎成布袋状。

3.取炖盅放入瑶柱、布袋、辽参，加入调好味的鸡汤，上笼蒸制20分钟即可上桌。

**特点特色：**此菜口感酥糯，滋味鲜美，并有清热养阴的功效，是一道深受食客欢迎的佳肴。

**创新之处：**选用娃娃菜酿入虾仁制作成布袋状，形态逼真，用鸡汤调味，瑶柱增鲜，使此菜汤清洌甘美。

# [拔丝雪蛤]

**主料：**雪蛤、糯米粉

**辅料：**南瓜、椰丝

**调料：**白糖、椰汁、生粉

**制作过程：**

1. 雪蛤发好，用椰汁炖透，再用生粉勾芡做成馅心。

2. 用南瓜泥蒸热，糯米粉烫熟，做成南瓜麻球皮。

3. 取20克皮包入15克馅，再粘上椰丝，用150℃油温炸3分钟左右。

4. 白糖加水熬稠后，再拔出银丝盖于麻球上做点缀。

**特点特色：**色泽黄亮，松脆爽口，糖丝透明，连绵不断，富有食趣。

**创新之处：**用椰汁炖透的雪蛤做馅，椰丝挂壳，用南瓜泥和进麻球粉中，除了有淡淡的南瓜香味外，对麻球的颜色提升了很多。最后用糖拔丝宛如金丝燕筑巢所用的银丝。

# [ 椒盐带子 ]

**主料：**带子

**辅料：**香辣酥、芹菜末、蒜泥、小葱、生姜、面粉、生粉

**调料：**椒盐、盐、味精、黄酒

**制作过程：**

1. 新鲜带子去壳洗净，将带子加盐、味精、黄酒、小葱、生姜腌制10分钟。

2. 将面粉、生粉加水调成面糊。

3. 炒锅烤热加入油，烧至四成热时，将腌制好的带子挂上面糊，依次逐渐下油锅，炸至金黄色捞起。

4. 锅里油倒尽，下香辣酥、芹菜末、蒜泥炒香，倒入炸好的带子，撒上椒盐稍加翻炒即可出锅装盘上桌。

**特点特色：**带子外脆里嫩，咸鲜适口，香味扑鼻，风味别致。

**创新之处：**带子挂糊脆炸，做法独特，和香辣酥的结合使其更加地风味独特。选用不锈钢的炸篮做盛器，是一款创新菜品。

# ［苏堤春晓］

**主料：**广东菜心、包心菜、金针菇、芥蓝、一点红萝卜、马蹄

**辅料：**蒜泥、京葱花、胡萝卜丝

**调料：**红乳汁、盐、味精

**制作过程：**

1. 一点红萝卜、马蹄用果叉做成串，芥蓝切圆形剪刀块，广东菜心取最嫩的菜心，包心菜焯水去除根茎把金针菇包成卷备用。

2. 所有备好的原料，水油锅焯熟，摆盘，放上京葱花。

3. 锅内加香油，放入蒜泥，炒香淋在原料上，上桌随带红乳汁即可。

**特点特色：**菜品选料多样，色泽艳丽，鲜嫩爽脆，老幼皆宜。

**创新之处：**选用多种蔬菜，通过最本质烹调方法，摆盘出品形象的杭州十景之一苏堤，体现了春天杭州苏堤的美。

# [ 满陇桂雨 ]

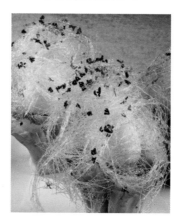

**主料**：雪蛤、板栗茸、白芝麻

**辅料**：西兰花、桂花

**调料**：太古绵白糖、椰浆

**制作过程**：

1. 西兰花取茎部做成桂花树样，余水备用。

2. 雪蛤加椰浆、糖调味制成雪蛤球备用，取板栗茸将雪蛤球包在里面，滚上白芝麻，放入油锅里炸至成熟，放在西兰花上。

3. 取锅放入太古绵白糖加少许清水，置中火上，用手勺不断推炒，使糖融化起黏性时将糖丝撒在炸好的雪蛤球上，桂花点缀即可。

**特点特色**：此菜应用了灌汤麻球的做法，其色泽靓丽、口感松脆，雪蛤营养丰富，糖丝透明，连绵不断，富有食趣，是杭州时令应景创新佳肴之一。

**创新之处**：在制作上，一是把营养丰富的雪蛤调味做成馅心，结合点心麻球的做法；二是改良了传统拔丝的手法来制作这道甜菜，加上杭州的金、银桂花，更增添一份杭州满陇桂雨的意境。

# [南肉春笋]

**主料：** 五花咸肉、春笋

**辅料：** 小葱

**调料：** 绍酒、味精、鸡油

**制作过程：**

1. 将咸肉斜刀切成 2 厘米见方的块，笋肉洗净切成滚刀块。

2. 锅内加清水、咸肉、笋块、黄酒同煮，烧开后改小火煮 10 分钟，待笋熟后，放入味精、小葱段，淋上鸡油即可出锅。

**特点特色：** 爽嫩香糯，汤鲜味美。

**创新之处：** 选用薄皮五花咸肉与鲜嫩春笋同煮。

# [ 酸辣泡菜 ]

**主料：** 大白菜

**辅料：** 红椒、生姜、大蒜子

**调料：** 盐、糖、玫瑰米醋、味精

**制作过程：**

1. 大白菜去叶留梗加入盐腌制 8 个小时。用清水漂洗去除白菜梗的咸味，沥干水分。

2. 生姜、泡椒、红椒、大蒜子搅成末，加入糖、玫瑰米醋调成汁。

3. 将白菜梗依次整齐地叠起来放入盛器中，再倒入调好的汁，让白菜梗浸泡在汤汁中腌制 2 天即可食用。

4. 泡菜堆叠整齐改刀成正方块，淋上辣油，即可上桌。

**特点特色：** 口味清脆酸辣，颜色红亮。

**创新之处：** 泡菜结合杭州辣白菜和韩国泡菜改良而成，成品口感酸辣爽脆，咸中带甜。

# [ 蒸功夫 ]

**主料：**鸡蛋卷、长豇豆、龙羊豆干、蚕豆

**辅料：**黄鱼鲞、虾干、绍兴干菜、干贝

**调料：**盐、味精、鸡汤

**制作过程：**

1. 长豇豆切段入四成油温的油锅炸至表面起皮，捞出备用；龙羊豆干改刀成煎刀块，加高汤煨制入味；蛋卷斜切成块备用；蚕豆氽水调味备用。

2. 取盘把豇豆叠成正方形，上面铺上干菜；蛋卷上放上干贝丝；龙羊豆干上放上虾干；蚕豆叠码整齐后上面放黄鱼鲞；然后加入调好味的清鸡汤。

3. 最后旺火蒸制 10 分钟即可。

**特点特色：**选料多样，制作精细，配料讲究，色泽艳丽，是一道老少皆宜的佳肴。

**创新之处：**选料讲究，制作精细，把 4 个口味的蒸菜组合在一起，别具风格。

# [ 竹炭糯米枣 ]

**主料：**山东大枣、糯米粉

**辅料：**竹炭粉

**调料：**糖

**制作过程：**

1. 糯米粉加水揉成面团，摘成一个个均匀的圆形小面团；

2. 大枣用热水浸泡至软，将大枣对开去核备用；

3. 将糯米面团酿入半颗大枣内，上笼蒸至糯米成熟；

4. 锅内加入糖熬化，加竹炭粉熬制糖汁浓稠可拔丝后，淋在糯米大枣上，拔丝冷凉即可。

**特点特色：**菜品造型美观，口感外脆里糯，香甜可口，糖丝透明，富有食趣。

**创新之处：**在菜品加入竹炭粉，有提高免疫力、养颜护肤的功效。

# [五谷丰登]

**主料**：咸肉、当季玉米、南瓜、鲜豆干

**辅料**：腌红椒

**调料**：精盐、绍酒、高汤

**制作过程**：

1.咸肉、当季玉米、南瓜、鲜豆干切成条块，取玉米衣一张放入五种原料，加入红椒扎好。

2.精盐、绍酒、高汤调成汁淋入原料内，将成品放入盘中入蒸箱蒸至成熟，取出装盘即成。

**特点特色**：此菜形如元宝吉祥如意，色彩亮丽，清淡可口，营养丰富，老少皆宜，为夏季创新佳肴。

**创新之处**：把鲜玉米、咸肉等五种原料加腌红椒扎在一起调味，使口味原汁原味、合为一体，外壳选用玉米壳进行包制，形同元宝，给人感觉特别朴实亲切。

# [ 湖畔素鹅 ]

**主料：**豆腐皮、胡萝卜

**辅料：**干香菇、金针菇、甜豆、百合、姜、葱

**调料：**盐、味精、糖、麻油、酱油

**制作过程：**

1. 豆腐皮撕去边缘的筋备用。

2. 香菇涨发后切丝，胡萝卜切丝；锅内加油，放入胡萝卜丝、香菇丝、金针菇丝炒制成熟后调味制成素鹅馅心，倒出冷凉。

3. 锅内留少许油加葱段、姜片煸炒，加入酱油、味精、糖水调成素鹅汤汁备用。

4. 豆腐皮用素鹅汤汁浸湿，将炒好的素鹅馅心包入豆腐皮中制成卷，上扒炉煎成两面金黄后用素鹅汤汁浸泡入味，上桌用甜豆和百合点缀即可。

**特点特色：**豆腐皮薄如蝉衣，为杭州特产，以其制成的素烧鹅，色泽金黄油亮，味道香软鲜甜似烧鹅，老幼皆宜，为杭州传统特色名菜。

**创新之处：**在传统制作方法上加入了馅心，且包制得更加细巧，充分体现了杭州菜口味清新、制作精细的风格。

# [三重奏]

**主料**：豆瓣、红枣、山药

**辅料**：莲子、蓝莓酱

**调料**：椰浆、糖、蜂蜜

**制作过程**：

1.豆瓣洗净烧熟，冰水激冷。红枣去核、莲子通心洗净，加入白糖上蒸箱蒸酥。山药去皮洗净，上蒸箱加糖蒸酥。

2.然后把三种原料分别用搅拌器打成泥（豆瓣在打泥时加入椰浆、蜂蜜炒制），分别装在裱花袋中，备用。

3.再把三种泥分别挤在在盘子上（呈圆锥状），在山药泥上淋上蓝莓酱，点缀摆盘即可。

**特点特色**：此菜色彩鲜艳，原料多样化，鲜甜可口、入口清香。

**创新之处**：蓝莓山药、红枣莲子、椰香豆茸三菜做成茸组合在一起，造型清新新颖，口味鲜美自然，老少皆宜。

# [兰花笋]

**主料：** 春笋

**辅料：** 虾茸、熟火腿末、鸡汤

**调料：** 盐、味精

**制作过程：**

1. 春笋剥壳洗净取嫩头，在笋尖处均匀切开，放在清水中浸泡，使其自然弯曲呈兰花状。

2. 鸡汤调味，笋放入汤中上蒸箱蒸制 20 分钟。

3. 虾茸搓成小球，在鸡汤中氽熟。

4. 待笋蒸制好后，将虾球放在笋尖上，鸡汤调味勾芡，淋上芡汁，在虾球上撒上火腿末即可。

**特点特色：** 春笋洁白如玉、肉质鲜嫩、美味爽口，被誉为"山八珍"，虾球和春笋同烹，清鲜可口、鲜嫩爽脆。

**创新之处：** 利用春笋的特性，巧妙地把春笋制成兰花状，和虾仁结合，造型新颖、营养丰富。

# [鱼头豆腐]

**主料：**鱼头

**辅料：**自制豆腐、熟笋片、香菇、姜片、嫩青蒜

**调料：**黄豆酱、黄酒、酱油、白糖、味精、猪油

**制作过程：**

1. 将鱼头去掉牙齿，在近头部背肉出处深砍两刀，鳃盖肉上砍一刀，胡桃肉上切一刀，割面涂上黄豆酱，正面抹上酱油，使咸味渗入整个鱼头。香菇切片，青蒜切段。自制豆腐下油锅炸至金黄色备用。

2. 炒锅在旺火上烤热，下猪油，将鱼头正面下锅煎黄。加酱油、黄酒、白糖略收，将鱼头翻身，再加汤水，放入豆腐、笋片、香菇、姜片，烧沸后倒入砂锅，在微火上炖15分钟，再中火烧2分钟，撇去浮沫，加入青蒜、味精，淋上猪油，原砂锅上桌即可。

**特点特色：**鱼头豆腐油润、滑嫩、鲜美，汤纯味厚，清香四溢，是杭州传统名菜中的冬令时菜。

**创新之处：**自制豆腐用豆浆和鸡蛋制成。豆腐中心镶有肉末，口感滑嫩。

# 第五章
# 仿古佳宴

自改革开放以来，旅游和餐饮业大兴，中国各地都有各种"仿古宴"出现，各地餐饮同仁都非常注重开发和挖掘传统宴、名人宴。从"三国宴"到"乾隆宴"，从"孔府宴"到"红楼宴"，从"东坡宴"到"（郑）板桥宴"，甚至连源出八仙过海的"八仙宴"和小说《金瓶梅》的"金瓶梅宴"，都有人操办过。其中有的仿得不错，做得蛮好，对挖掘中国传统餐饮技艺、繁荣现代餐饮市场发挥了很好的作用。但也毋庸讳言，有的"仿古宴"其实只是贴了个标签，有其名无其实，中看不中吃。根本原因就是仿者对被仿古宴的文化内涵、传承脉络缺乏真正的认识和理解。所以我们所尝试的仿古宴一定要有精髓的文化内涵和鲜明的品格。它不但要让食用者认可，更要让业界同行、学界专家认可。这个想法也得到了上级领导杭州饮服集团总经理戴宁先生的认可和大力支持。

1993年，我在南方大酒家当总经理时，接到一位友人要定制三桌"满汉全席"的来电。这个友人叫南条竹则，是一个酷爱中国文化的小说家、翻译家兼美食家。他对中国的美食文化情有独钟，著有《中华文人的饮食传》《中华美味纪行》等与中国美食文化有关的书。那一年，他写的关于我国唐朝大诗人李白的小说《酒仙》获评日本幻想文学奖二等奖，得到约合15万元人民币的奖金。我四年前在日本东京传艺时，他曾多次品尝过我掌勺的菜，大为赞赏，与我作过多次"理论"与"实践"之间的探讨，交了朋友。因此，他想要"美美的撮一顿"，第一个就想到了中国美食，想到了我，想到了"满汉全席"。于是他决定请他的30多位与饮食文化有关的学者、专家、记者、饭店经理、厨师一起来到杭州，请我烧3桌"满汉全席"给他们尝尝。南条用"非常非常非常美味"来形容，"吃完这顿饭，接下来几天吃什么都觉得没味道了。吃那么多，并没有消化不良，这也是中国美食的神奇之处"。后来他连续来中国品尝了"仿宋寿宴"、"乾隆御宴"、"袁枚宴"、"烧尾宴"等。这些宴席都出自我和弟子之手，所以南条竹则先生对我有着敬佩之心，也是我的迷宗菜的追随者。

# 满汉全席宴

在中国，大凡做厨师的恐怕是没有不知道"满汉全席"的。我四十多年前拜师学厨时，就听我师傅说起过，说是有108道山珍海味，客人要吃三天三夜。但师傅也只是听说而已，自己是没有做过和看到过的。

据记载，"满汉全席"是曾在晚清后期和民国初期的官场和商场热过一阵子的。但从上个世纪的40年代后期，特别是新中国成立后，政府提倡艰苦朴素，社会的物资基础也很薄弱，它就销声匿迹了。那年月不要说山珍海味，就连寻常的鸡鸭鱼肉，也是光凭钞票买不到的"计划分配"物资，纵然有人头脑发昏想做"满汉全席"，也绝对是"巧妇难为无米之炊"。

在决定要为客人制作我的"满汉全席"后，第一件事，就是要让参与制作的团队成员都明确我的制作理念。这个理念，一是要得到大家认同，二是要能够付诸实践。传说中的和市面上可以看到的满汉全席菜谱中的菜品，一席满汉全席，多则三五百味，少则六七十味；其食材，除了龙髓凤肝，包括所有的水陆珍馐、奇禽异兽，百无禁忌。而如今，有的早已绝种，有的受法律保护，有的为人道、健康、科学的现代理念所不取。因此，我要根据自己对满汉全席及中国传统餐饮文化的理解，制订一张既有传统特色，又不违背现代理念的"我的满汉全席"菜谱，排出一席20世纪90年代杭州南方大酒家的"满汉全席"的菜品。

满汉全席之"看席"

对此，我的要求是：

**一定要是满汉全席。**一定是有精当的文化内涵和鲜明的品格烙印的满汉全席。不但要让食用者认可，更要让业界同行、学界专家认可。

**一定要是与时俱进的满汉全席。**虽然满汉全席的真正起始年代，专家学者尚有争论，但它作为有一定年月传承史实的中国传统名宴，是中国饮食文化史诗中的一个有传奇色彩的篇章，是世人所公认的。所有的满汉全席，不管是前清的还是民国的，宫廷的还是民间的，都少不了用山珍海味来撑台面。在这些山珍海味之中，有的现在还大量存在，取用不难；有的已绝迹绝踪，只闻其名而难见其面；有的虽未绝种，但受政府法律保护和现代人理性认知的关爱，不能取用，现在的烹饪条件及人们的用餐环境与理念，也是与日俱新的。如果现代厨师在制作任何仿古宴时，没有变革，没有创新，没有适应时代对餐饮文化发展要求的能力与水平，是肯定做不好与时俱进的满汉全席的。

**一定要是能让食用者喜欢和赞赏的满汉全席。**我的标准是：一要"适口"，二要"有益"。这就要在食材选用和烹饪手段上下功夫，在绿色健康和科学卫生上作文章。

**一定要是最适合这一批客人享用的满汉全席。**历史上的满汉全席，场面宏大，要吃三天三夜。我为他们设计的满汉全席菜肴加点心数以百计，而这批客人只吃一餐，要全部消受，再是老饕，也是勉为其难的。因此，我决定从我设计的108道菜品和点心中精选36道精品，作为"品席"请他们享用；把其余的72道菜品和点心，作为"看席"请他们观赏。但这"看席"中的菜品，也不是仅仅能看的，只要他们需要，也随时可以从厨房里再给他们制作出一道来。后来的情况表明，这个分"品席"和"看席"的设计很受这些客人的欢迎和赞赏。他们说，"品席"让他们口福大饱，而"看席"让他们眼界大开，这个两全其美之举，让他们受益匪浅，总的感觉是：不虚此行。

在开宴的前一天，南条竹则带着他30多人的"品尝团"到杭州已经是晚上10点多，可他们在宾馆里一安置好行李，就迫不及待地到我们店里来了。好在我们早有准备，因为我在日本呆过，知道日本朋友喜欢吃面食，便给他们每人端上了一碗热气腾腾的杭州名面"片儿川"，他们吃了个个叫好。这就算是给他们接风或者是洗尘了，也算是为第二天就要开演的满汉全席"大戏"拉开了序幕。

第二天中午，我给他们安排的是南宋菜，请他们品尝了杭州厨师根据《武林旧事》等古籍记载开发出来的"鳖蒸羊""蟹酿橙""春笋鳜鱼"等美味，算是为晚上的满汉全席大宴"暖席"。据记载，当年南宋的清和郡王张俊在家里宴请宋高宗时也上过这些菜。"暖席"的品位定得这么高，当时也有同仁担心会夺"正席"的风光，但我心里有底。因为我认为，既然是一场大戏，就要从开场到尾声都精彩。晚宴是红花，这午宴就是绿叶，虽然是衬托，但也一定要绿得翠生生、油光光、有生气、有魅力，这样才会衬托得红花更娇艳、更有光彩。

下午5时，午餐后出去游西湖的客人回来了。当他们一登上酒店的二楼宴会厅，立即眼睛一亮，发出一阵惊呼，纷纷举起了照相机。原来，我们在宴会厅进口处布置了一个大展台，展出了72道佳肴和美点，道道色悦形美，美不胜收。对中国饮食文化颇有研究的客人当然知道，这是我们为他们布置的"看席"。"看席"在中国自古有之，从隋唐到清朝的宫廷宴和帝后御膳中，都有一些被称作"香食"或"饾饤席"的"看席"。皇家的风气流播到民间，在一些达官贵人的豪宴中，也都有这种供看不供吃的佳肴。当然，他们的"看席"都是为了展示主人的气派和宴席的华贵。而我为客人设置这72道"看席"，是为了让客人们一睹满汉全席的风貌，让他们对中国饮食文化有更深的了解。

食客在满汉全席之"看席"前拍照记录

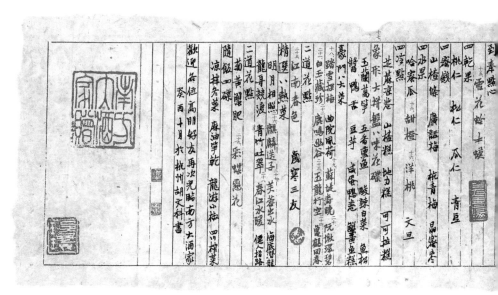

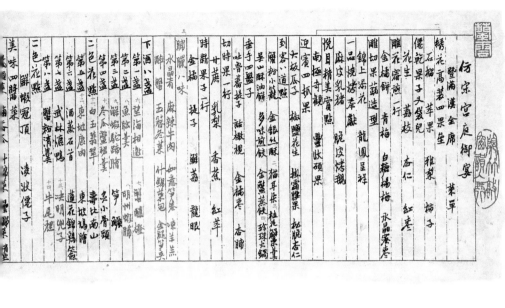

一旁的丝竹乐队奏起宣告宴会正式开始的《春江花月夜》，他们才离开展台入座。身穿崭新的旗袍服务员给他们端上开席的头道菜——雪花蛤士蟆羹，在一片赞叹声中，他们都没有拿起筷勺，而是拿起相机和笔。从这道雪花蛤士蟆羹开始，到收席的"白玉藏珍"，36道美味上来，他们都是先拍照、记录"留念"，再动筷勺品尝。虽然这席满汉全席只有36道菜，但客人们个个"胃满意足"，赞不绝口。为了表示他们的赞赏和感激，他们一齐起立，向厨师和服务员鼓掌致谢。这时，已是午夜12点了。

事后，南条竹则先生在谈及这席盛宴时，说菜品的丰盛让他"眼花缭乱"，菜品的味道他只能用"非常非常非常美味"来形容。在肚子里的美食都消化了，但在脑子里的美好回味却久久地存留着。南条竹则先生的新作《满汉全席》问世后不久，他又写了小说《白蛇传》。《白蛇传》杭州人家喻户晓，都知道里面有白娘子、许仙、小青和法海。但南条的《白蛇传》有创新，里面有一个精通厨艺的厨师。他把书给我寄来，还特地告诉我，这个厨师的原型就是我。

南条与表演人员合影

# 仿宋寿宴

2001年3月18日，和风熏柳，花香醉人，正是南国春光漫烂季节。从日本飞到杭州，行程2000公里，但对于日本学者南条竹则和他75岁的老师、日本东京大学著名文学教授小池銈来说，借助短短两小时的航行，他们将穿越时光隧道，梦回宋朝。

对于每个人来说，生日都是一个重要的纪念日。书载：南宋时，上至天子，下至庶人，"无不崇饰此日，开筵召客，赋诗称寿"。"酒"与"久"谐音，当时逢人生日，都讲究排场，必摆酒宴，这让沉迷中国文化的南条先生心神向往。白驹过隙，他上次在我们南方大酒家品尝"满汉全席"已是8年前，当年的美味依然是南条心中的至爱。这次南条是为他敬重的老师小池銈做寿，特意邀请我为他老师做一堂正宗的南宋宫廷寿宴。于是，我们在南方大酒家上演了一场共计8小时、场面隽美的仿宋宫廷寿宴。

杭州餐饮业及餐饮文化的空前发达和繁荣，得益于八百多年前的宋室南迁，杭州成为了全国政治文化中心及经济大都市。在上个世纪80年代中期，全国餐饮界兴起对仿古菜的研究开发时，杭州的餐饮界就主攻"仿宋菜"，并成功地推出了一大批仿宋菜点。仅收入我主编的《杭州南宋菜谱》一书中，就有118味之多。其中的"蟹酿橙""群仙羹""武林爊鸭""鳖蒸羊""笑魇儿""雪花酥""广寒糕"等早已脍炙人口、声名远扬，成为杭州一些著名酒家及高档宴席的标志性菜点。我当时所在的南方大酒家，也常为一些慕名前来的食客烹制这些菜点。但作为一个单独的主题宴席——仿宋寿宴，还没有店家制作和应市过。因此，我必须要有创新，要有自己的特色。

我制作的仿宋寿宴的宗旨是："一体味、两展示"。一体味就是要用这场寿宴让客人们切身体味中国传统寿宴带来的快乐和享受；两展示就是要用这场寿宴来展示中国寿诞文化的独特风采，展示杭州餐饮业在研究开发仿宋菜点中的成就和水准。换而言之，就是要让客人们高高兴兴地品尝到一席仿宋美味，切切实实地感受一回杭州及中国寿诞文化的博雅宜人、丰富多彩。

经过反复思考，我决定从研习中国寿文化典籍入手。中国的寿文化历史悠久，内容丰富。其中的寿宴习俗，据清代学者顾炎武在《日知录》中所记，是发端于一千四五百年前的南朝齐梁之间，到唐宋后"自天子至于庶人，无不崇饰。此日开筵召客，赋诗称寿"。

我国宋朝，打开国皇帝宋太祖登基开始，就把皇帝的生日定为"圣节"。每逢"圣节"，皇帝都会在宫中大摆寿宴，宴请大臣，接受恭贺。这在《宋史》《东京梦华录》《武林旧事》等典籍中，都有专门的记录。

宋人孟元老的《东京梦华录》卷九的《天宁节》，详细记录了宋徽宗的一次生日宴会的程序和内容。参加者共要举杯九次为皇帝贺寿，每举一次杯，都规定得很具体。它告诉我们，在饮第一、二盏酒时，有歌有舞，群臣祝寿，是没有菜点下酒的。到第三盏酒后，才一盏酒，一组菜点，依次开始上爆肉、驼峰角子、炙子骨头、群仙炙、假鼋鱼，白肉胡饼、排炊羊胡饼等二十道美味菜点。同时，还有内容丰富、阵容庞大的歌舞百戏、蹴球相扑等文体节目助兴。

宋徽宗的寿宴是在北宋京城汴梁摆的，宋室南迁后，这种寿宴就在临安（杭州）摆了。年代变了，地点变了，但模式和内容一直没变。《梦粱录》说，这是因为"国初之礼在，累朝不敢易之"。

研习了这些典籍，再结合多年来在烹制仿宋菜实践中的积累，我作了两方面的设计：

一是吃的方面。宋宴是第一、二杯酒都不上菜的，寿星皇帝要听群臣百官轮番祝万寿无疆；我的客人是普通文人，一杯酒听听贺词也足够了。从第二杯酒开始上菜点，中餐五组18味，晚餐五组19味。为了使这些菜点有一个鲜明的共性特色，我都根据其材质与形态，借用了中国武术招式的名字为其命名。这些命名，有美好的寄意和想象的空间，也符合中国寿诞食品的命名传统。

如"一鹤冲天"，在中国鹤是祥瑞之鸟，是长寿的象征，人们称其为仙鹤。在中国的寿文化中，鹤是一个标志性的具象物，人们常把它和松、鹿、龟等画在一起，以取 "松鹤长春"、"龟鹤延年"等寓意。鹤在中国是国家重点保护野生动物，我自然不能用鹤来做菜。但中国的传统名肴历来有"替代"之道。如粤菜的"龙虎斗"就是用蛇和猫"替代"龙和虎的；杭帮菜中的"龟鹤同春"和"百鸟朝凤"中的"鹤"和"凤"就是用鸡和鸭"替代"的。我设计的"一鹤冲天"中的"鹤"用的也是鸡，制作方法参考了南宋吴自牧《梦粱录》及浦江吴氏《中馈录》中所述，用本鸡烧制八成熟后，切成长方块，用麻油煎熟，加盐、醋、酒烧，烧干浓汁出锅。由于采用炸、烧、炖等多种方法烹制，此菜上盘后，色泽红亮，香味浓郁，卤汁紧包，酥润鲜嫩。

二是看和听的方面。这在宋宫寿宴是一个非常重要的内容。如前面提到过的宋徽宗的那场生日宴，其乐队的规模非常庞大，打击乐、管弦乐色色齐备，仅杖鼓就有二百面、琵琶五十面之多。献演的歌舞百戏及体育节目也很纷繁宏大，仅"小儿队舞"就有男女童600多人参加。我们是民间百姓的"仿宴"，但程序和形式是可以借鉴的，规模不必大，内容要精彩。我把餐厅布置成适当富丽的寿堂，其内外也作了一些相应的氛围装饰，所有男女服务人员一律宋式服饰打扮；然后，在每杯酒后都安排了器乐演奏和戏曲歌舞节目为客人的欢宴助兴，烘托寿宴的喜庆气氛。同时也要让客人们能从这些节目中加深对中国的传统文化及浙江地方特色的了解与感受，安排了笛子、琵琶、古筝等民乐的演奏；京剧、越剧的演唱；还有一些民族歌舞和杂技的演出。虽然规模场面无法与皇家相比，但也异彩纷呈，很有悦人助兴之功。

楼上的寿堂已布置完毕。古乐悠扬，供桌前摆满了供品，檀香青烟袅袅，粉嘟嘟的寿桃衬着翠绿的叶儿，水汪汪的，怎么也不像用面粉捏的。店家特别定做的8斤重的大蜡烛暖融融的亮光透出吉祥。巨幅的寿联上书：仙翁临南方梅往南山作春颂 文曲耀北斗斛开东海倾金樽。

仿宋寿宴大厅现场

宴会的开场。随着身着宋朝宝蓝滚金花富绅长袍的司仪一声"请入座"，宴会如约开始。75岁的日本老人小池铿胸佩大红花坐在红木寿椅上。当他的学生跪在红色的丝垫上向他行祝寿大礼时，严肃的老人抑制不住激动，情不自禁地露出些许腼腆的微笑。

菜的鲜美除了选料精细，完全取决于高汤的品质。为了这次盛宴，南方大酒店精选100只千岛湖野生本鸡、8只极品火腿和20只老鸭，用容量100公斤的巨无霸汽锅熬制了3锅高汤。

"官燕鸡面"：采自东南亚的极品燕窝，作为面点的佐料。"糟决明"：鲍鱼在南宋时称"决明"，在寿宴上，极品鲍鱼采用宋时流行的烹制手法——酒糟。"神驼骏足"：取自内蒙古的骆驼蹄，剔骨而形神俱存，红烧后有种大漠风尘的粗犷。"霸王举鼎"：走油肉做成霸气的鼎状，下铺鹿筋(各类蹄筋以鹿筋为极品，青海鹿筋为极品中之极品)。寿宴所用盛器均为南宋官窑碎瓷，青色釉彩，润泽如玉，全套餐具8万余元，其中一只圆盘就需1000元。

2001 年 3 月 18 日，《都市快报》整版报道"仿宋寿宴"

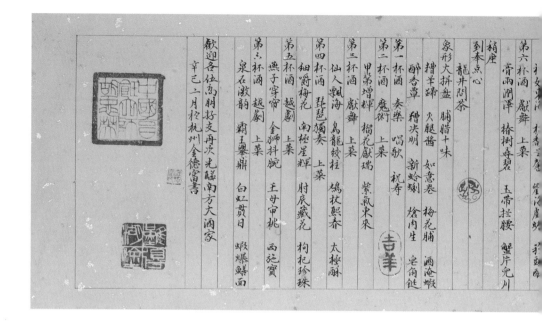

## 菜点择要

### [王母审桃]

**主料：** 莴笋 2 根、鸡肉 200 克、蟹黄 200 克

**调料：** 糖、盐、绍酒

**制作过程：**

1. 将莴笋雕刻成寿桃外形，内部挖空。

2. 炒锅下猪油放入蟹黄煸炒出蟹油，放入鸡茸煸炒入味。

3. 将炒制好的鸡茸蟹黄料装入雕刻好的寿桃内即可。

**特点特色：** 将寿桃由面点改为菜肴，创意新奇。

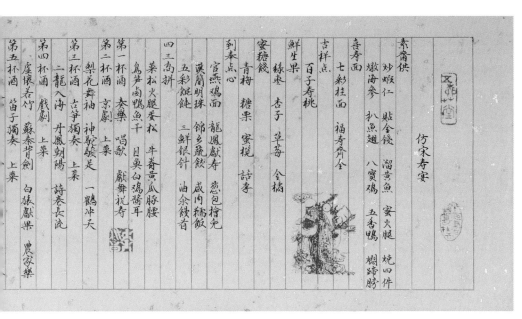

"仿宋寿宴"菜单

**创制意由：**

桃是中国寿诞文化中一个不可或缺的具象物。这是因为在中国的民间有西王母做寿，设蟠桃会款待群仙的传说，特别是在古籍《汉武帝内传》中，有时间、有地点地记录了一个西王母给汉武帝送仙桃增寿的故事。在我国现存最早的药学专著《神农本草》中，就有"玉桃服之，长生不死"的说法。因此在中国，给过生日的人，特别是长辈或老年人送寿桃，在寿宴中请客人吃桃，是一个已流传千年的喜庆习俗。但由于桃子是时令水果，在不当令的寿宴中，人们就用米面蒸制的寿桃来代替。这种寿桃属于点心，而我的"王母审桃"是用莴笋等食材制作，是菜肴。

## [ 丹凤朝阳 ]

**创制意由：**

　　中国的古八珍中虽有"龙肝、凤髓"之说，但世上原无龙凤，故有人考证是用"马肝"和"家禽脑及雀脑"替代的。家禽脑不珍贵，雀脑却是稀罕物。有记载说，北宋后期，江西的地方官为讨皇帝和权相蔡京欢心，每年都要搜刮当地的特产黄雀脑作为贡品送到京城，一部分送进皇宫，一部分送进相府。蔡京便以这种稀罕物大宴宾客，令食者无不啧舌。蔡京的宾客自然都非寻常人，可见此物的珍稀。

**主料：**雀脑 50 只、鸡脑 100 只、松仁 50 克

**调料：**蟹油、辣粉、孜然粉、清鸡汤 500 克、蟹油 100 克

**制作过程：**

　　1. 将新鲜的雀脑 5 只一串用细竹签串好，在炭火中慢火烤熟后，撒辣粉、孜然粉。

　　2. 炒锅放中火上烘热，下猪油放入蟹黄煸炒出蟹油，放入鸡脑、松仁末，烩透装盘即可。

**特点特色：**雀脑香脆可口，鸡脑鲜滑爽嫩。

# [ 紫气东来 ]

**创制意由：**

　　此菜主料为人工饲养的鹿制品。因鹿与"禄"同音，在中国鹿是一种有吉祥寓意的动物，是中国寿文化中常见的一个具象物，很受人喜爱。在汉朝，曾用它的皮作为货币流通；在我国的第一部诗歌总集《诗经》中，就有"呦呦鹿鸣，食野之苹。我有嘉宾，鼓瑟吹笙"的诗篇。在宋时，鹿虽然还没有开始人工驯养，但据《梦粱录·分茶酒店》中所记，当时的临安就有"清撺鹿肉"和"鹿脯"在饭店酒楼供客人点用了。

**主料：**鹿胎一副、虫草 20 克、枸杞 50 克、红花 1 克、桂圆 100 克、火腿
　　　200 克

**调料：**绍酒 200 克、鸡汤 1500 克、盐 50 克、姜、葱

**制作过程：**

　　1. 将新鲜的鹿胎用冷水浸软、洗净后待用。

　　2. 在清水中放入虫草、枸杞、红花、桂圆浸泡 1 小时后捞出待用。

　　3. 取一只大砂锅，放入处理好的鹿胎、虫草、枸杞、红花、桂圆、酒、
　　　姜、葱、火腿，倒入高汤，大火烧开后，用文火慢慢煨制八小时。

**特点特色：**鲜美无比，营养丰富，强身健体。

## [ 福如东海 ]

**创制意由：**

宋人林洪《山家清供》"山海羹"条记："春采笋蕨之嫩者，以汤瀹之，取鱼虾之鲜者同切作块子，用汤泡裹蒸，入熟油、酱、盐，研胡椒拌和，以粉皮盛覆，各合于二盏内蒸熟。"因此羹主料是"山珍"和"海味"，故谓"山海羹"。宋室南迁至杭州，东南沿海渔业有很大发展，从宫廷到民间的餐桌上，海鲜颇为寻常。在《梦粱录》中提到以"石首（黄鱼）"和"决明（鲍鱼）"等海鲜的菜肴有几十种之多。这些海鲜大多来自东海，而"福如东海"又与"寿比南山"相对，是祝寿时常用的吉语，故移作此羹名。

**主料：**黄鱼 500 克、虾仁 200 克、春笋 100 克、蕨菜 100 克、粉皮 200 克

**调料：**酱油 30 克、胡椒粉 3 克、盐 15 克、米醋 25 克、麻油 50 克、蛋清 50 克、淀粉 30 克

**制作过程：**

1. 黄鱼洗净，去骨，带皮切成菱角块和大虾仁用盐、蛋清、淀粉上浆，放入热水中，用开水氽熟后待用。

2. 春笋切成薄片，蕨菜切制一寸长度，粉皮切成和黄鱼大小的菱角片，用开水氽熟后待用。

3. 将以上原料加入酱油、胡椒粉、麻油、味精、盐、粉皮拌匀，用温拌的方法将荤素原料拌在一起，再滴醋即可。

**特点特色：**口味清新，爽鲜嫩美。

# [ 梨花舞袖 ]

**创制意由：**

《山家清供》中有"石榴粉羹"一则，记曰："藕截细块，砂器内擦稍圆，用梅水同胭脂染色，调绿豆粉拌之，入清水煮供，宛如石榴子状。"为使其更加清香和悦目，笔者添加了龙井茶叶作点缀。

**主料：** 藕 200 克、新嫩茶叶 5 克

**调料：** 绿豆粉 500 克、湿淀粉 30 毫升、鸡汤 500 毫升、盐 3 克

**制作过程：**

1.将藕切成 0.8 厘米左右的小块，用刀将八个角切去，再修圆，放入红汁中浸泡染上色，放入绿豆粉中拌匀，然后将拌好的藕粒洒上水，再入绿豆粉中拌匀，如此重复几次，至藕上均匀粘上一层粉，入沸水锅中汆熟待用。

2.锅内加入鸡汤烧开，加盐、湿淀粉勾芡成羹，将藕入羹中，推匀烧开，放入新嫩茶叶即可。

**特点特色：** 形象逼真，口味脆滑。

# [ 神驼骏足 ]

**创制意由：**

　　神驼骏足即驼蹄，驼蹄作为美食佳肴，历见于诗文记载。《晋书》中有记："陈思王制驼蹄为羹，一瓯值千金。"陈思王就是那位写"煮豆燃豆萁"及《洛神赋》等名篇的曹操公子曹植。唐朝大诗人杜甫也在他的《自京赴奉先县咏怀五百字》中写到驼蹄羹："劝客驼蹄羹，霜橙压香橘。"宋朝大诗人苏东坡在他的《次韵钱穆父马上寄蒋颖叔》中写道："剩与故人寻土物，腊糟红曲寄驼蹄"。

**主料：** 驼蹄一只 2000 克、小葱、生姜

**调料：** 蒜茸 500 克、花生末 100 克、松仁末 100 克、白芝麻 100 克、酱油 100 克、白糖 10 克、盐 3 克、绍酒 200 克、鸡汤 3000 克、淀粉 30 克、熟菜油 100 克

**制作过程：**

1. 把驼蹄洗净放入清水中浸泡，出水烧熟去骨、去皮。
2. 将驼蹄用鸡汤分几次煨透，然后加入各种调味料，稍好后勾芡装盘。
3. 用菜油将蒜茸、花生末、松仁末、白芝麻炒香后，制成金沙在驼蹄边围边。

**特点特色：** 驼蹄软糯，色泽金黄。

# [膏雨润泽]

**创制意由:**

中国厨师用鲫鱼作羹，历史久远。唐朝诗人杜甫在他的《陪郑广文游何将军山林》一诗中曾写道："鲜鲫银丝脍，香芹碧涧羹。"宋朝大诗人苏东坡不但喜食鲫鱼，还很会烹制。他在《煮鱼法》一文中写道，自己贬官黄州时，"好自煮鱼，其法：以鲜鲫鱼或鲤鱼治斫，冷水下，入盐如常法。以菘菜心芼之，仍入浑葱白数茎，不得搅。半熟，入生姜、萝卜汁及酒各少许，三物相等，调匀乃下。临熟，入橙皮线，乃食之。其珍食者自知，不尽谈也。"是一道说不尽的美味。

**主料:** 小鲫鱼 1000 克、笋 50 克、绿茶
**调料:** 胡椒粉 2 克、酱油 50 克、盐 3 克、葱 50 克、姜 30 克、鸡汤 750 克、淀粉 50 克

**制作过程:**

1. 将小鲫鱼的头背取下，放入汤锅内，倒入清水 500 毫升熬汤。取下鲫鱼腹部肉片，用葱、姜、盐、酒略腌制待用。
2. 将腌制好的鱼肚，放在蒸锅内蒸熟，用镊子或竹签去除鱼刺后待用。
3. 头背汤澄清后，用绿茶、笋、鱼肚、胡椒粉、酱油水调味勾成薄芡，倒入在蒸熟的鱼肚上即可。

**特点特色:** 汤汁鲜美，鱼肚肥嫩。

## [ 诗卷长流 ]

**创制意由：**

南宋诗人陆游的《舟中晓赋》诗中有句："香甑炊菰白，醇醪点蟹黄。"这甑中煮的"菰白"就是茭白，"醇醪"就是美酒。陆游和苏轼一样，对饮食文化极为喜好、颇有研究，在他流传于世的9000多首诗中，咏吟烹饪美食的就有100多首。中国商业出版社在1989年曾出版了《陆游饮食诗选注》一书。

**主料：** 茭白500克、蟹黄100克、小葱15克

**调料：** 熟猪油50克、盐15克、生姜2克、绍酒、清鸡汤500克

**制作过程：**

1. 将茭白蒸熟后，用滚刀卷切成长片，炒锅放中火上烘热，下猪油放入蟹黄、生姜、盐1克炒香。

2. 炒好的蟹粉卷入茭白中成长条状，用小葱在中间扎好。

3. 将做好的茭白卷放入蒸锅内约15分钟蒸熟，并放入盅内，清鸡汤加盐、绍酒浇在茭白上即可。

**特点特色：** 雪白的茭白卷系上一道绿色的小葱，宛如一纸诗页系着一条丝带；包裹着美味蟹黄，恰似字字珠玑。此菜清鲜爽口，细嚼慢品，味美韵足。

# [ 刘海戏蟾 ]

**创制意由：**

　　陆游在年近半百时才得到了一个到蜀地参与抗金军务的机会。一天，夜宿享寿 800 岁的寿星彭祖家乡彭山县，听到邻园整夜树涛声不歇，便想起自己去世多年的父母，写下了一首深情感人的《宿彭山县通津驿大风邻园多乔木终夜有声》。在诗中，他祈望父母的去世只是一次远游，希望他们能乘云返乡，让他能再为他们烹制美食尽孝心，诗中的"莼姜屑桂调甘柔，稚鳖煮腥长鱼鲡"，说的就是"甲鱼鳗干羹"的配料和烹制方法。

**主料：**甲鱼 3 只 1200 克、鳗鱼干 250 克、西兰花 100 克

**调料：**绍酒 25 克、葱 50 克、姜 10 克、糖 50 克、桂皮 1 克、盐 5 克、
　　　　熟猪油 50 克、鸡汤 250 克

**制作过程：**

　　1. 甲鱼腿去骨，鳗干去骨后待用。

　　2. 用鳗干包住甲鱼，加酒、姜、葱、糖、桂皮、盐、猪油放入蒸笼内，在大火中 40 分钟蒸熟。

　　3. 将蒸熟的甲鱼卷放入盘中，去掉葱、姜、桂皮，西兰花焯水后装盘，淋入鸡汤即成。

**特点特色：**咸鲜合一，风味独特。

## [ 金狮抖腕 ]

**创制意由：**

　　此菜是参考了广东传统名菜"龙虎斗"而设计的。"龙虎斗"又是中国京剧的一个传统节目，讲的是宋朝开国皇帝宋太祖赵匡胤在打江山中错杀忠良的故事。其名目及寓意与寿宴应有的气氛不谐。于是笔者将其命名为"金狮抖腕"，不仅是因为这是中国武术中的一个招式，还因为狮子在中国传统习俗中是象征吉祥如意的瑞兽，故常在喜庆场合舞狮助兴。而且狮子和老虎一样，与此菜的主料肉猫同属猫科动物。

**主料：**猫一只2500克、大王蛇一条1000克、鹌鹑脯500克、鸡500克、红枣、甘蔗

**调料：**糖、酱油、盐、葱姜、桂皮、茴香、绍酒

**制作过程：**

　　1. 将大王蛇洗净、去骨、切段、余水。

　　2. 猫去内脏，开水烫净，将蛇段、鹌鹑脯塞入猫体内。

　　3. 用线缝好，外加鸡块，放入各种调料，在锅内煨制5小时，烧制酥透，淋入湿淀粉勾芡，出锅装盘。

**特点特色：**色泽红亮，鲜香肥美。

## [ 甲第增辉 ]

**创制意由：**

　　举办这场仿宋寿宴时，正值仲春，"春江水暖鸭先知"是北宋大诗人苏东坡的名句。南宋诗人陆游在他的《稽山行》中就用"陂放万头鸭"来描述家乡绍兴养鸭业兴旺的景象。鸭子不仅可作美味，在中国古代它还是人们初次见面时必备的见面礼——"贽"。汉代刘向在他的《说苑》中说"鹜（即鸭）无他心，故庶人以为贽"，指的就是人们在订婚时，送鸭子作定礼。新女婿携礼上门，自然是老丈人家的光彩，于是笔者将这道鸭子笋干鱼翅煲命名为"甲第增辉"。

**主料：** 老鸭 1 只（1500 克）、鱼翅、笋干 100 克、火腿 200 克、青菜 50 克
**调料：** 鸡汤、盐 2 克、绍酒 15 毫升、姜 5 克、葱 15 克
**制作过程：**

　　1. 选用隔年老鸭，将老鸭宰好、煺净，从腹部取出内脏，放入沸水中，中火余 15 分钟焯去血污。

　　2. 鱼翅用鸡汤煨透，捞起备用。

　　3. 将火腿切片备用，把笋干放入温水中浸泡一段时间，浸泡时间根据笋干的干湿度而定，浸泡后取出备用。

　　4. 取砂锅，加入准备好的葱、姜、火腿片、上汤用大火烧开，放入老鸭后改用小火，大概炖 3 小时左右后放入笋干，加入盐、味精、料酒、糖。

　　5. 盖上煨透的鱼翅，然后继续用小火炖 10 分钟左右即可。

**特点特色：** 汤醇味浓，油而不腻，酥而不烂，生津开胃。

# [苏秦背剑]

**创制意由:**

　　动物脊髓量少味美，富有营养，古人将其归入"八珍"之列，称之为"凤髓"，有养生益寿的"凤髓羹"等珍肴传世。但其中的所谓"凤髓"，都是用锦鸡之类的禽鸟之髓替代的。禽鸟髓微量少，大多又是保护动物，不能也无法采用于大型宴饮中。"苏秦背剑"是中国武术中的一个广为人知的招式，因为这道菜的主料为猪脊髓与春笋，猪脊髓位于背部，春笋挺拔如剑，故冠以此名。

**主料:** 猪脊髓、豆粉、笋、香菜、火腿丝

**调料:** 猪油、糟卤水

**制作过程:**

　　1. 将新鲜的猪脊髓拖上豆粉，放入180℃的油锅内油炸，炸至金黄色后，捞起待用。

　　2. 炒锅放大火上烘热，下猪油放入炸好的脊髓、笋干、香菜，烹入糟卤水炒熟起锅，上加火腿丝即可。

**特点特色:** 食材特别，味道鲜美。

# [仙人飘海]

**创制意由：**

　　此菜源出宋人陶谷《清异录》所载之"十遂羹"。宋菜多羹类，在《梦粱录》中所记的243味菜肴中，有近十分之一的24味羹菜。在汉字中，"十"即"全"之义，"遂"有"称心如意"之解。而笔者在制作此羹时，又酌采了宋菜"群鲜羹"的一些辅料和制法，"群鲜羹"又称"群仙羹"，故将此羹名为"仙人飘海"。

**主料：**石耳、石发、石线、海紫菜、鹿角脂菜、天花覃、沙鱼、海鳔白、石决明、虾魁腊、鲍鱼、虾仁、菌菇

**调料：**盐、料酒

**制作过程：**

　　1.将石耳、石发、石线、海紫菜、鹿角脂菜、天花覃、沙鱼、海鳔白、石决明、虾魁腊放入清水中浸泡，再将鲍鱼、虾仁、菌菇用清水浸泡，澄清后待用。

　　2.用鸡汤、布谷汤混合后，放入以上食材，加盐、料酒，大火烧开后用小火慢慢煨制即可。

**特点特色：**食材丰富，调味自然。

## [ 蟹黄片儿川 ]

**创制意由：**

　　中国的面条大多既长又瘦，"瘦"与"寿"谐音，"长瘦面"即"长寿面"之称。所以，在中国人的生日宴请中，长寿面的寓意和寿桃一样，是对寿星的美好祝愿。中国人食用面条历史悠久。据《梦粱录》卷十六《面食店》款所载，当时在杭州的面食店中就有"猪羊庵生面、丝鸡面、三鲜面、鱼桐皮面、盐煎面、笋泼面、炒鸡面、大熬面、血脏面、素骨头面"等十多种。如今中国各地的面食更是制作精良，品种繁多，各具风味。其中脍炙人口的片儿川是杭州的一道名面，深受海内外食客喜欢。

**主料：** 精白潮面 500 克、猪腿肉 250 克、熟笋肉 100 克、雪里蕻菜 50 克、蟹黄 50 克

**调料：** 酱油、味精、熟猪油

**制作过程：**

1. 猪腿肉切片，用少许盐、生粉、料酒腌制一会儿；笋切成末，待用。

2. 将面条放入沸水中煮约半分钟后捞起，冷水过凉，沥干水待用。

3. 炒锅放中火上烘热，下猪油放入蟹黄煸炒出蟹油，捞出蟹黄，然后用此油煸炒肉片和笋干，放入酱油再略煸，雪菜下锅同炒，加沸水少许，约 5 秒后将料捞起。原汤中再加入沸水，将面条倒入原汤中煮约 2 分钟，加入味精，盛入碗中，盖上雪笋肉片，最后放入蟹黄即可。

**特点特色：** 食材特别，味道鲜美。

乾隆御宴

　　我的乾隆宴也是应日本饮食文化学者南条先牛所约而制作的。那是2005年3月，我主持张罗的新杭州酒家开张不久。酒家所在的环城北路近年进行了修整拓阔，门前的空间比当年在湖滨路上的南方大酒家宽敞很多，可以让我从大门口到一楼大厅都作一些烘托宴会气氛的布置。宴会安排在二楼的正大厅。这个大厅也比南方大酒家的大得多，可以从容摆下30张餐桌，供300多位客人同时进餐。我在大厅上首正中安排了"乾隆"的"御桌"和"御座"，御桌前的一块大空间铺上大红毡毯，是乐师和演员们的表演之地，客人们用餐的6张大圆桌分列在两边。这种安排虽然在规模上不能和史籍中所记的"御宴"相比，但在阵式上还是较为相似的。再加上酒家是新开的，里外的装潢都是新的，我又为这次宴会新做了一些布置，使整个大厅都显得格外富丽喜庆，有那么一点"皇家气派"的。

　　我虽然是参照乾隆的"千叟宴"设计的，但也必须要创新和改革。"千叟宴"虽然请的都是老人，但还是分等级的。一等席设在金殿内及廊下，是王公、一、二品大臣身份的老人所坐，三品以下的官员及其他人员中的老人，只能在金殿门外的丹墀、甬路上的二等席就位。等级不同，菜点和餐具也不同。如一等席有"鹿尾烧鹿肉"，二等席就只有"烧狍肉"；一等席用银火锅，二等席是铜火锅。而我的"乾隆"待客，自然是一视同仁的了。特别是对菜点的设计和命名上，我更是用尽了心思。虽然我把"中看不中吃"作为"一戒"，但在菜点的制作中，我还是非常重视"看"的，要让客人们一看到菜点就感到美、感到好，感到悦目而被吸引。

我吸引客人目光的第一道菜，是"菜前七品"，一组冷盘，六小碟围着一大盘，我的命名是"月生沧海　处处三潭"。这不仅因为冷盘的造型是一个缩小的西湖"三潭印月"景观，还因为它是名出有据的。明朝有个退休官员叫张宁，是浙江海宁人，休官后每年都要来杭州游西湖，写了不少西湖诗。这两句出自他的《三潭印月》，全诗是"片月生沧海，三潭处处明。夜船歌舞处，人在镜中行"。张宁还有一首《苏堤春晓》："杨柳满长堤，花明路不迷。画船人未起，侧枕听莺啼。"其中的两句，也被我用为我的两道热菜的点题。

我与"乾隆御宴"全体参与人员合影留念

我制作的乾隆御宴要求是这样的：

**一戒中看不中吃。**中国的帝皇历来看重吃，从商周时的天子九鼎，到最后一个封建王朝大清的帝后御膳，无不是食前方丈、奢靡极顶的。自然，这其中有很多是珍馐佳肴，人间至味。但实事求是地说，其中也有不少是摆场面、显气势的"中看不中吃"的菜点。这些菜点，名头很大，形制也美，食材也考究，但口味就对不起了。清末一个在宫中服侍皇帝20多年的太监信修明，在他的《老太监的回忆》一书中这样说过："膳品虽有四十八品，味皆不咸不淡，毫无滋味，令人生腻。皇上总说不好吃。"

是御厨的烹饪技术有问题？不！完全是皇家特有的威势和礼制有问题。

中国菜肴历来讲究味的鲜美，而要取得这一效果，用大众的话来说就是现烧现吃。"食圣"袁枚先生在他的《随园食单》中就这样概括过："物味取鲜，全在起锅时极锋而试；略为停顿，便如霉过衣裳。虽锦绣绮罗，亦晦闷而旧气可憎矣。"这是确论。

而皇宫的御膳，最不容易做到的就是这一点。虽然皇帝吃饭也有规定时间，但他是"开口要，闭口到"的圣旨口，只要他一声"传膳"，不管什么时候，千盘百碗立马都要在他面前摆好的。若是都要现烧现吃，就是神仙也做不到的。神仙做不到不要紧，御厨做不到轻则掉饭碗，重则掉脑袋。所以御厨们都是未雨绸缪，把很多菜点在早个一天半天做好，焐在锅灶及其他保温器物里的。这一"焐"，再鲜美的美味也成"霉过衣裳"了。这是一。

其二是，皇家的事情都有一定的礼制，在烹饪上也是有"祖宗之制"的，许多菜点在用料和制法上都有固定不变的规程。特别是清朝，更是有《膳底档》的明文记录，是不允许厨师随意变更的。"死法限生厨"，再好的厨师也无法施展其高超技艺，只能按部就班、依样画葫芦。因此，在不少清朝的笔记文字中，都说到宫中的御膳不如臣子的官府菜和显贵的私家菜好吃。在近代学者徐珂的《清稗类钞》中，就有官员把皇帝赏赐菜肴视为"苦事"的记载。

所以，在不少乾隆皇帝南巡的故事中，都有他吃到民间菜肴而大快朵颐的情节。如在杭州吃到"鱼头豆腐"，在苏州吃到"松鼠鳜鱼"，在无锡吃到"虾仁锅巴"，在镇江吃到"豆腐波菜"，在扬州吃到"九丝汤"和"五丁包"时，他都赞不绝口，是很合情理的。

皇上的御膳中有"中看不中吃"的菜点，不要紧，他的排场虽然大，但胃容量也总和常人差不多大的。"吃一看二眼观三"，他的筷子也只能在他手臂够得着的范围里"蜻蜓点点水"而已。而侍候他进膳的太监又都是人精，自然会把那些"中看不中吃"的东西安排在这个范围之外的。但我的"乾隆宴"没有这么大的排场，我的客人没有这样选择的空间，因此，我的"乾隆宴"，必须是要每道菜点都是既好看又好吃的。

**二戒惠口不惠身。**人们喜好美味，从表面看，是为了满足口福，但最根本的是为了滋养身体、维持生命。特别是在经济发达的现代社会及不愁温饱的群体中，很多人在饮食上都已经非常正确地把"吃健康"放在"吃美味"之上了。而其实，在我们中国，很早就有很多有识之士把饮食和养生联系在一起研究和奉行。这其中，乾隆可以算一个。

在中国所有的皇帝中，乾隆是最高寿的一个，享年89岁。他25岁登基，做了60年的皇帝后禅位嘉庆做太上皇，但却是"归政仍训政"，军国大事还是由他把持。他年近90，还神智清醒、行动自如，真是一个健康的老寿星。这除了他喜欢运动、经常出游、爱好诗文、生活有规律之外，与他在饮食上注意养生保健也不无关系。

有不少资料都记载，他的膳食以新鲜蔬菜为主，喜鱼少肉，并且从不过饱。而且他对素食也特别喜欢，在《清稗类钞》中，就有南巡扬州天宁寺主持请他吃素肴的佚闻：乾隆食后很高兴地对主持说："蔬食殊可口，胜鹿脯、熊掌万万不及矣！"还有资料记载他在扬州某古寺，食用了一名叫文思的和尚用嫩豆腐、金针菜、木耳等原料做成的豆腐汤，非常喜欢，便让人把"文思豆腐"列入了他的宫廷菜单。

有膳食专家对乾隆的膳食观作了这样的概括："讲究荤素搭配，注重养生保健"。这一点在民间传说中也可以得到印证。如在传说中到他南巡时在苏杭等地吃美味："鱼头豆腐""松鼠鳜鱼""虾仁锅巴""豆腐菠菜""九丝汤"和"五丁包"等，也都符合"荤素搭配、养生保健"的。

因此，乾隆虽然一生喜欢美食，故宫现存他的"御膳档"就有80册之多；如今中国各地开发的"名人宴"中，版本最多的也要算"乾隆宴"了，似乎他是中国最爱吃的皇帝了，而实际上他在吃这一点上，还是很尊重科学的，讲究"惠口又惠身"的。所以我在为客人设计"乾隆宴"时，也一定要重视这一点。我曾经研究过多种版本的"乾隆宴"菜谱，其中有他两次举办"千叟宴"的菜单，宴请的都是老年人，自然更要讲究养生保健，最符合"惠口又惠身"的要求。我决定用它作这次"乾隆宴"菜品的首选参照。

**三戒有共性无个性。**乾隆喜好出游，六下江南，三上五台山，很多名山大川、古刹胜景都留有他的足迹。因此，今天的旅游者，只要到这位皇帝去过的地方，都能在当地的餐饮名家里品尝到冠以"乾隆"名号的"菜"及"宴"。在南条先生及他的同行人中，不少是中国饮食文化的爱好者，他们来杭州及乾隆到过的其他城市品尝"乾隆宴"，可能不是第一次，也不会是最后一次。如何能使我的客人对这次的"乾隆宴"有特别的印象和回味，就必须要让它能从"乾隆宴"的普遍的共性中，凸现出自己特有的鲜明个性。

任何宴席的个性，都是体现在食材的选用制作及菜肴的文化意蕴上的。好在我们杭州物产丰富、经济发达，有大量的美味食材供厨师们施展烹饪技能；也好在我们杭州历史文化底蕴厚重多彩，有大量的联想空间供厨师和食客们驰骋发挥。而乾隆皇帝又是一个喜好文墨、对杭州西湖景物及文化又特别钟情的人。他在杭州巡游时，在他爷爷康熙题写的西湖十景碑的背面及两边题满了诗文；他不仅把在杭州品尝到的一些美味带回了他的御膳房，还把西湖的苏堤也"搬"进他为母亲祝寿而筑的清漪园(颐和园之前身)里。时人举办"乾隆宴"，不管谁做东、谁操办，但名义上的主人都应该是乾隆。既然主人是个杭州西湖文化的爱好者，我就把这场"乾隆宴"打上杭州西湖文化的个性烙印吧！

于是我就从乾隆肯定也知晓的宋子问、苏东坡、柳永、陆游等大诗人咏杭州西湖的名篇中，选了一些能让厨师发挥技能，能让客人产生美好联想的诗句，为这场"乾隆宴"的主要菜点命名，从而使这场宴会的菜点充满诗情画意，彰显鲜明的个性特色。

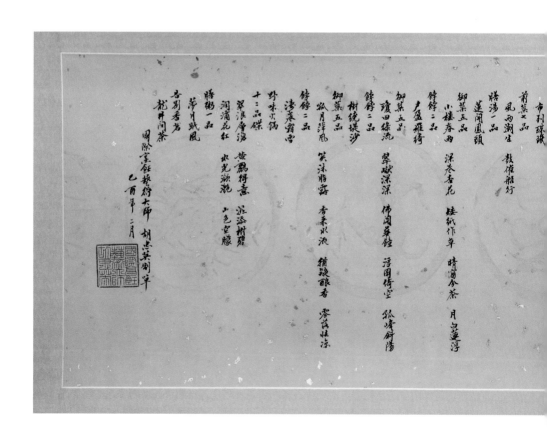

我的这个选择，得到了客人们的认可。特别是一些有中国诗词文化修养的人，一拿到菜单就兴奋地读了起来。我用的是四个字，他们却能读出全句或整篇。如我将两道野味命名为"水光潋滟"和"山色空濛"，一位客人就向他的同桌吟诵了苏东坡原作的全诗。事后，南条先生告诉我，他的同行对这场宴席的诗情画意非常满意，使他们加深了对杭州美食和西湖文化的了解。

依据这三点，我为这次新杭州酒家的"乾隆宴"拟定了20道热菜、14味冷菜、12道野味、2道烧烤、4道汤茶、18道点心加1道粥，再配置干果、蜜饯、酱菜12味，总计83味的菜单。并请人用宣纸书写了横轴，赠送每一位客人作收藏。

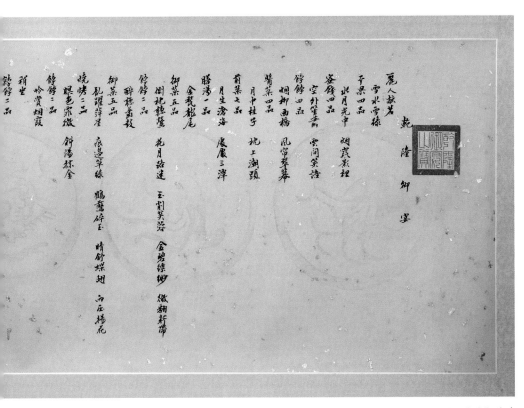

"乾隆御宴"菜单

## [侧枕听莺　鸳鸯戏珠]

原料：鸳鸯 1 只、虾茸、干贝、
　　　藏心鱼圆、火腿

制法：炖汤。

## [花月路迷　牡丹鲍鱼]

原料：干鲍 10 头 3 只

制法：鲍鱼切片成牡丹花形带
　　　花菇，淋上鲍汁。

## [玉削芙蓉　辣子田鼠]

原料：田鼠一只、雕刻葫芦点缀

制法：红焖上盖剁椒。

## [金碧缥缈　蛋黄银鳕鱼]

原料：银鳕鱼 12 块、咸蛋黄、土豆丝、
　　　紫包菜

制法：雪鱼切成 5×3 厘米块状、咸
　　　蛋黄炒好放在鱼上，中间放土
　　　豆丝，紫包菜秋叶子上放鳕鱼。

**[ 微翻荇带　素火腿 ]**

原料：素火腿 12 只、冬笋、
　　　紫菜

制法：素腿浇鲍汁，冬笋切丝，
　　　用紫菜捆扎。

**[ 鹤惊碎玉　红烧鳄鱼掌 ]**

原料：鳄鱼掌 2 只
制法：红烧。

**[ 暝色霏微　铁排鲟鱼 ]**

原料：鲟鱼 1 条
制法：烤制。

**[ 深巷杏花　烧汁黑山羊 ]**

原料：黑山羊、洋葱、黑鱼米
制法：浇汁。

**[矮纸作草　东坡鹿肉]**

原料：鹿肉、糯米

制法：红烧、蒸。

**[晴窗分茶　三鞭汤]**

原料：鳖鞭、牛鞭、鹿鞭、西洋参、枸杞

制法：炖汤。

**[月白莲浮　鸡翅辽参]**

原料：去骨鸡翅、辽参半只、
　　　上海菜心

制法：海参酿入鸡翅内，
　　　鸡汤蒸。

**[佛阁华钟　鲍汁野猫]**

原料：猫半只、鸡、子排

制法：猫、鸡、子排一起烧。

**[琼田绿蔬　酿鱼肚]**

原料：鱼肚、虾茸、芦笋

制法：虾茸酿鱼肚上，切长方块，
　　　放芦笋上蒸。

## [孤峰斜阳　松鼠鳜鱼]

**原料**：鳜鱼

**制法**：鳜鱼刮花刀，扑粉炸，淋沙司。

## [野味火锅十二]

**原料**：野猪、竹丝鸡、野兔、木羊、鹿肉、鸵鸟、溪鱼、石鸡、马兰头、蕨菜、荠菜、石耳、草头

**制法**：火锅。

## [斜阳抹金　烤全羊]

**原料**：全羊一只，自然粉、辣粉、盐、胡椒粉、味精

**制法**：烤。

[ 吟赏烟霞　角麂面 ]

原料：角麂

制法：面条烧好后放入碗中，
　　　将角麂红烧放在面上。

[ 户盈罗绮　太后珍珠 ]

原料：鱼茸、面粉、绿素、香菇、
　　　肫、肚子

制法：余。

[ 树绕堤沙　香椿麦湖烧 ]

原料：香椿、鸡蛋、面粉

制法：麦糊烧。

[ 涛卷香雪　虾肉金鱼饺、南瓜饼 ]

**虾肉金鱼饺**

原料：虾肉馅、澄粉

制法：煮。

**南瓜饼**

原料：南瓜茸、糯米粉

制法：炸。

## [ 梦月眠风　龙虾八宝粥 ]

**原料：** 龙虾、虾米、鸡脯、蛤蜊、薏仁、
香菇、甜豆、火腿、粳米

**制法：** 熬粥。

## [《望海潮》与饽饽十四品 ]

　　饽饽是中国北方民众对用面粉及其他各种杂粮粉制成食品的统称，如各种馒头、面饼、饺子及糕饼点心。虽然其中不少品种被南方民众视作小吃，但在北方民众及宫廷的餐桌上，它却是主食。在清代，无论是皇帝的日常御膳，还是在他举办的御宴中，饽饽都是一种不可或缺的食品，而且品类繁多。在世传的各种清宫御宴的食单上，都有不下十品的饽饽记载。其中不少都是各地特别是北方的名小吃，如艾窝窝、双色马蹄糕、豌豆黄、芸豆卷、芝麻卷、枣泥糕、肉末烧饼、栗子糕、豆沙卷、千层糕、四喜饺、龙须面、百寿桃等等。

　　我为这次"乾隆宴"安排的饽饽有十四品，命名都取意于北宋大词家柳永的名篇《望海潮·东南形胜》。此词上片写杭州，下片写西湖，风格绮丽、气势磅礴，生动地展现了杭州的繁华及西湖的美丽。据宋人罗大经的《鹤林玉露》记载，此词在当时就广为流传，金国的皇帝完颜亮就是因为垂涎杭州的"三秋桂子，十里荷花"，才生出"投鞭渡江"的南侵之意。当然这只是"据传"。但此词为杭州及西湖留下了一幅宏伟壮观的历史画卷，是为世人所公认的。2004年秋，我在筹备杭州酒家复业时，就请著名书法家王冬龄先生书写了此词，并放大描印于两块高达6米的磨砂玻璃上，竖立于店堂之中，供客人吟读欣赏。

# 袁枚宴

杭州名厨吴国良先生赠我的清道光四年出版的《随园食单》

　　在我学艺的生涯中，就有了两个课堂，烹饪技术厨房里在跟师傅学，餐饮文化在图书馆或家中从书本里学。如宋时著《山家清供》的林洪、著《都城纪胜》的耐得翁、著《武林旧事》的周密、著《梦粱录》的吴自牧、著《繁胜录》的西湖老人，以及明朝著《遵生八笺》的高濂、著《闲情偶寄》的李渔和清乾隆年间著《随园食单》的袁枚。这其中给我影响最深、补益最大的是袁枚和他的《随园食单》。

　　袁枚是位正宗的老杭州，他生于清康熙五十五年（1716年），逝世于嘉庆二年（1797年），享年82岁，在当时可算是高寿老人了。他幼时居杭州艮山门内大树巷及葵巷，后求学于西湖边的县学及凤凰山上的万松书园，21岁时才因应试求官而离开杭州。乾隆三年中举，次年即进士及第，被选庶吉士，后外放江苏溧水、江浦、沐阳、江宁四县为县令。他为官正直勤政，颇有名声，但仕途不顺，于乾隆十四年辞官，在南京小仓山筑随园安居。自此，他交朋聚友，作诗论文，著有《小仓山房诗文集》《随园诗话》《随园随笔》等共33种，是清代的著名诗人和学者，同时又是一位有"食圣"之誉的中国饮食文化大家。他在70岁左右时，集四十多年的美食体验，写就了一部有划时代意义的饮食文化专著《随园食单》，被人誉为是一部中国饮食文化的"小百科全书"。

《随园食单》共收有菜点326种。由于袁枚早年在杭州生活，离杭后直至晚年还多次返杭探亲访友，对杭州及江浙菜点特别爱好及熟悉，因此《随园食单》中收录了不少杭州及江浙风味。其中特别注明是杭州菜点的有18种，而且大多都有出处。如在"醋搂鱼"条中注明"此物西湖上五柳居最有名"；在"干蒸鸭"条中注明出自"杭州商人何星举家"；在"蜜火腿"条中注明"惟杭州忠清里王三房家"佳；在"百果糕"条中注明"杭州北关外卖者最佳"等。这使我们杭州的厨师和读者读了，特别感到亲切和受用。

作者不但在书中积累和记录了自己四十多年餐饮实践所得，而且还很有卓见地将这些"所得"梳理提炼为理论。他在书的《序》及《须知单》和《戒单》中，将中国的烹饪技术作了高度的概括和精辟的阐述。在《须知单》中，他详述了从"先天、选料"到"用纤、补救"等20个"须知"；在《戒单》中，他细列了从"外加油"到"落套、苟且"等14条"戒条"。这些"须知"和"戒条"虽然概括成书于两百多年前的18世纪末，但到21世纪初的今天，无论是对餐饮工作者还是餐饮活动的参与者，都还有非常现实的指导意义。袁枚这位美食大家不但在书中记录了菜点的名称和食材，还记录了具体的操作方法，这在中国其他的历史餐饮著作中是很罕见的。

　　我在担任杭州酒家总经理时，我的前任及前辈、后在香港天香楼酒家主勺的杭州名厨吴国良先生曾送了我一本清道光四年（1824年）出版的《随园食单》。这和《随园食单》最初问世的乾隆57年（1792年）仅隔32年，是一个存世不多的版本，我非常珍惜，轻易不敢翻动。2011年筹建杭州杭帮菜博物馆为开馆征集餐饮文物典籍时，我思考再三，决定割爱捐赠。因为我知道，这本书陈列在杭帮菜博物馆里的作用和意义，一定会比珍藏在我的书柜中大得多。现在此书已展示在杭帮菜博物馆二楼"袁枚区块"的陈列柜中，受到不少参观者的关注和重视。

　　重视《随园食单》的不仅是我们中国的厨艺界和读者，随着中国饮食文化的对外传播，国际餐饮界也把它视作研究中国烹饪史和烹饪理论的必读文献。日本东京岩波书店在上个世纪70年代末就翻译出版了日文版的《随园食单》，此后，美、英、法等国也相继出版了英、法文版的《随园食单》。

　　《随园食单》中共有菜点三百多道，从菜系来说，虽然是以江浙风味为主，但也有京菜、粤菜、徽菜和鲁菜中的美味；从菜品来说，有宫廷菜、官府菜、私家菜、市肆菜、寺院菜，也有寻常百姓家的家常菜。这次来的客人都是文化人和美食家，都尊崇和熟悉袁枚及《随园食单》，他们这次来杭作美食游，在杭帮菜博物馆品尝"袁枚宴"，也算得上是一次文人的雅集，应该是一次"文人宴"。我知道袁枚自辞官安居随园的三四十年中，广交朋友，云游山水，与文人雅士宴饮会文是常事。其中在乾隆五十七年就两次赴杭，与他的13位女弟子在西湖边举行诗会雅宴。我曾在网上看到过一张袁枚友人所画的《十三女弟子请业图》，记录了这件雅事。袁枚本人也很重视这张图，曾两次为它作跋。在杭帮菜博物馆的袁枚区块中，也有展示这次聚会的立体电光模型。乾隆五十七年是《随园食单》成书问世之年，如果我把这场"袁枚宴"冠以"袁枚宴请十三女弟子"为主题，让这位已仙逝两百多年的老先生再在西湖边请这些"洋弟子"雅集一次，也不失为一件雅事吧！

制作"袁枚宴",说容易也容易,说难也难。说容易是因为老先生的书中有菜品、有料单、有制法,有"须知""戒单",按照先生的说法是"执柯以伐柯,其则不远",而且书中的菜点虽然有一些是属于阳春白雪的山珍海味,但更多的是普通寻常的市井美食,原料的采办、加工都不难。但难也是难在这两点上。一是既然可以"执柯以伐柯",就更需要有所创新、有所发展。二是既然大多是寻常市井家常菜点,就更需要厨师有化寻常为不寻常的手段。

所以,我对这场"袁枚宴"的要求是:

**一、有所本,不刻板。**这次"袁枚宴"中所有的菜点,一定要出自《随园食单》的所记所载,不随意添加,不无中生有。一定要让客人在品用时和品用后能与书中的某页某款对得上号。但由于古人为文用字都较简洁,先生在食单中的很多菜点都是直接用作料的名称命名的,如什么鱼什么肉;最简单的只一个字,如蟹、蚶、韭、芹等等。古书上如此记述,似无不妥,但现在用在宴席及菜单上,则有失笼统和简单。于是我就根据先生在菜中所述,将这些菜点加上有个性特色的前缀。如先生书中所列的"萝卜",在条文中有"承恩寺有卖者"的介绍,我就将其命名为"承恩萝卜";又如先生所记的"混套",看字面,很难让人想到是何物,但他在条文中说得很明白,就是将鸡蛋壳清空,再用浓鸡卤拌蛋清灌入蒸熟。我就将其命名为"鸡卤混套"。其次在上菜次序上,先生在书中有"盐、浓、无汤"者先、"淡、薄、有汤"者后的"须知"要求。这是很有科学道理的。我们在安排宴席时,一般也是这样布置的。但这次因为每场宴席要请客人品尝15只热菜、10味点心,比一般的宴席要多,所以我决定把它分为五组,每组3热菜2点心,依次上桌。从客人食用情况及食后的反馈来看,他们对这种安排是满意的。

**二、有所法,不自限。**《随园食单》与其他传统餐饮著作相较而言,一个最大优点就是它收录的菜点都有具体明确的制作方法。因此,我要求我的同仁在烹制"袁枚宴"时要尽量按书中的"法"操作。但先生所记之"法"毕竟是他在两百多年前，根据当时厨师掌握的烹饪手段和条件，以及当时人的口味喜好而记录的。任何事物都是有发展变化的，烹饪技艺也必然。况先生也有"死法不足以限生厨"之教，他在"须知单"的开篇就指出："学问之道，先知而后行。饮食亦然。"所以，我们只要真正了解当时厨师为什么要这样烹饪的"道"，就也一定能以我们今天所掌握的烹饪手段和条件，制作出名副其实的"袁枚宴"。

**三、有品位，不苟且。**由于袁枚先生崇尚"饮食有道"，反对讲排场、奢侈浪费的"耳餐、目食"，反对残忍虐杀牲畜、弃多取少糟蹋食料的"暴殄"，这种在饮食文化领域中的价值取向，和我们今天的认知也是一致的。在《随园食单》中，以寻常的鸡鸭鱼肉、豆麦瓜菜为食材的菜点是远多于山珍海味的。因此，在我设计的这场"袁枚宴"的热菜中，除了在"金银翅针""蒋侍郎海参""红汤鹿筋"和"腐乳江瑶柱"等少数几味用了鱼翅、海参、鹿筋、干贝之外，其他用的都是寻常食材。因此，在烹饪中一定要遵照先生在"戒单"中提出的"戒苟且、戒落套"的要求，精制细作，用寻常食材做出有品位、有档次的美味佳肴，要让客人们实实在在地体会一回"豆腐得味，远胜燕窝"之美妙，从而留下美好的记忆和回味！

**四、有主题、重特色。**我把这次"袁枚宴"的主题定为以"袁枚宴请十三女弟子"为名的"文人宴"，在菜品的安排中，就一定要切合这个主题的特别要求。因此，在我的这张"袁枚宴"的菜单中，从菜名就可以看出是"文人菜"的菜点有十多味，如"伊文公风肉""沈观察黄雀""包道台野鸭""太守八宝豆腐""孔藩台薄饼"和"云林鹅"等等。虽然这大多是做官人的官府菜，但在科举年代，官人大多是文人，所以这些"官人菜"也就是"文人菜"。这些菜排进这场"袁枚宴"，它的主题就很鲜明了。其次，我对这场"袁枚宴"还有"特色"要求。这就是客人们是来杭州美食游的，宴会是由我们杭州厨师操办的，特别是它还是在杭州杭帮菜博物馆里举行的，因此，就一定要有明显的杭州特色。况且袁枚先生在他的《本分须知》中，也曾非常明确地告诫我们要"各用所长""务极其工"，不要"忘其本分""画虎类犬"。我的同仁都是杭菜烹饪高手，《随园食单》本来就是杭州人写的，其中大多是江浙及杭州菜，它完全可以让我的同仁们"务极其工"，让客人们"入口新鲜"。所以，在菜点的安排中，我就特意在注明是杭州的菜点中，精选了冷盘、热菜和点心，使这场宴会有了鲜明的杭州特色。客人们对这个安排也是满意的，有客人说：看了这张菜单和品尝了这场"袁枚宴"，就知道你们是正宗的"食圣"传人了。

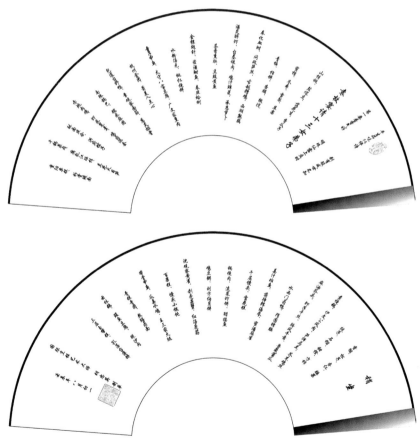

"袁枚宴"菜单

# [ 问政笋丝 ]

问政笋丝在《随园食单》中被列入第十单的"杂素菜"中。原文是："问政笋，即杭州笋也。徽州人送者，多是淡笋干，只好泡烂切丝，用鸡肉汤煨用。龚司马取秋油煮笋，烘干上桌，徽人食之，惊为异味。余笑其如梦之方醒也。"

这里记录了两种笋丝的烹制方法。一种是以笋干作原料，"泡烂切丝"再烹制而成的；一种是以鲜笋作原料，用"秋油"入味煮熟再烘干而成的。由于用笋干作原料可不受季节地域的限制，制作也比较便捷，因此，在今天中国的餐饮店中，一般都采用这种方法烹制"笋干丝"。

但由于笋干多不是由厨师制作的，本味就有参差；厨师在烹制时又要用水将其浸淡泡软，又使本鲜大失，故只能"用鸡肉汤"与其他调料佐味。而"问政笋丝"是厨师用鲜笋现烹现烘"一手落"烹制的，它不是"笋干丝"而是"干笋丝"，自然在口感和味蕴上会让吃惯了"笋干丝"的人"惊为异味"，"如梦方醒"了。

**主料：**临安笋干

**调料：**酱油、白糖、麻油

**制作过程：**

1. 笋干去老头，用水洗净，用手撕成丝，切成 5 厘米长段。
2. 锅内放清水，放入笋丝，加入酱油、白糖略煮。
3. 将煮好的笋干，放入烤箱烤至七成干，出炉，拌上麻油，装盘。

**特点特色：**笋香扑鼻，咸中带甜。

# [茶香熏肚]

茶香熏肚源出《随园食单》第五单"特牲单"的"猪肚二法"。原文是："将肚洗净，取极厚处，去上下皮，单用中心，切骰子块，滚油爆炒，加作料起锅，以极脆为佳。此北人法也。南人白水加酒，煨两枝香，以极烂为度，蘸清盐食之，亦可；或加鸡汤作料，煨烂熏切，亦佳。"

虽说是"猪肚二法"，但其实有"三法"。这就是北人的"切骰子块，滚油爆炒"一法和南人的"煨白肚"和"熏香肚"两法。我取的是南人两法中的后一法。

**主料：** 猪肚

**调料：** 精盐、味精、醋、葱、姜、花椒、绍兴酒、白糖

**制作过程：**

1. 将猪肚用热水翻洗干净，装入盆内加精盐、醋反复搓洗2~3次，再用温水清洗干净，锅内放入清水烧沸，放入猪肚烫透捞出，冲凉。

2. 锅内加精盐、味精、葱、姜、花椒、绍酒、清水烧沸，下猪肚煮2小时。

3. 熏锅坐火上加茶叶、白糖，将猪肚放在熏架上，盖上盖熏制15秒钟，刷上麻油即可，食用时改刀装盘。

**特点特色：** 风味独特，软糯清香。

## [ 水西门卤鸭 ]

水西门卤鸭源出《随园食单》第七单"羽族单"。原文是："塞葱鸭腹，盖闷而烧。水西门许店最精。家中不能作。有黄、黑二色，黄者更妙。"

卤在烹饪上是既作名词又作动词用的。作名词是指用各种调料配制的卤汁，作动词是将已熟的食物放入卤汁中再加热，使食物入味入色。在中国，用这种方法烹调的食品很多，几乎不论荤素都好卤，统称"卤味"。《随园食单》收入卤味两道，一卤鸡，一卤鸭。因卤鸭是杭州的传统风味，故我选卤鸭。

**主料：** 净鸭

**调料：** 桂皮、姜、葱段、酱油、绍酒、白糖

**制作过程：**

1.将鸭子洗净，沥干水分。姜拍松，桂皮掰成小片。

2.锅洗净，放入白糖125克，酱油、绍酒、桂皮、葱、姜、加清水750毫升烧沸，将鸭子入锅，在中火上煮沸后撇去浮油，卤煮至七成熟时，再加白糖125克，继续煮至原汁色泽红亮稠浓，拿手勺不断地把卤汁浇在鸭身上，然后将鸭起锅。冷却后，斩成小条块装盘，临食前浇上卤汁即可。

**特点特色：** 菜肴烹制入味，色泽红润光亮，卤汁调浓醇厚，肉质鲜嫩香甜。

# [ 随园猪腰 ]

随园猪腰源出《随园食单》第五单"特牲单"。此单的主食材是一色的猪肉及猪身产品，与其他食单不同。对此袁枚特作了题记说明："猪用最多，可称'广大教主'"，故把它列为特牲。而其他的牛、羊、鹿、獐等，只好屈居"杂牲单"。在这一"特牲单"中，袁枚记录了从猪头到猪爪，从猪心到猪骨的各类"猪肉菜"43品54种做法，数量之多，烹法之全，居全书食材之首。此则猪腰的原文是："腰片炒枯则木，炒嫩则令人生疑；不如煨烂，蘸椒盐食之为佳。或加作料亦可。只宜手摘，不宜刀切。但须一日工夫，才得如泥耳。此物只宜独用，断不可搀入别菜中，最能夺味而惹腥。煨三刻则老，煨一日则嫩。"

猪腰有补肾、强腰、益气的作用，南宋时曾被列入皇帝御膳菜单，但烹制时火候掌握要求高，也即袁枚所说的"枯则木，嫩生疑"。故民间有"厨师不用夸，只看炒腰花"之说。

**主料：**猪腰

**调料：**椒盐

**制作过程：**

1. 猪腰洗净，放入清水中，倒入老酒烧熟后，改用小火慢慢煨制6个小时左右关火，将猪腰浸入汤水中慢慢冷却。

2. 食用时，改刀切片，配以椒盐蘸食即可。

**特点特色：**鲜嫩软糯，爽口味美。

## [ 金银翅针 ]

金银翅针源出《随园食单》第三单"海鲜单"中的"鱼翅二法"。在此条中，袁枚先生记录了他所知的三种鱼翅的烹饪方法和一种他未得其详的烹饪方法。我取他所记的前两法，即"火腿鱼翅"和"萝卜丝鱼翅"的制法，并将两法的配料及烹制手段融合，以鱼翅为金，以萝卜丝为银，故名"金银鱼翅"。对这两法，袁枚先生的原文是这样的："鱼翅难烂，须煮两日，才能摧刚为柔。用有二法，一用好火腿，好鸡汤，加鲜笋、冰糖钱许煨烂。此一法也。一纯用鸡汤串细萝卜丝，拆碎鳞翅搀和其中，飘浮碗面，令食者不能辨其为萝卜丝、为鱼翅。此又一法也。用火腿者汤宜少，用萝卜丝者汤宜多。"

**主料：** 鱼翅、萝卜、火腿

**调料：** 清鸡汤、盐、胡椒粉、味精、湿淀粉、葱、绍酒、姜

**制作过程：**

1. 将鱼翅用水焯，放在大碗内，加绍酒和葱，再加清鸡汤至浸没鱼翅，盖上肥膘，蒸至柔软，取出待用。

2. 将萝卜切丝，用水焯，去腥。

3. 将鱼翅、萝卜丝放入清鸡汤内煨制，加入盐、味精、胡椒粉、绍酒、湿淀粉勾薄芡后，盛入盅内，放入火腿丝，蒸20分钟即可。

**特点特色：** 鱼翅绵糯，萝卜香酥，汤汁稠浓。

## [ 蜜酒鲥鱼 ]

蜜酒鲥鱼源出《随园食单》第四单"江鲜单"的"鲥鱼"条。原文是："鲥鱼用蜜酒蒸食，如治刀鱼之法便佳。或竟用油煎，加清酱、酒酿亦佳。万不可切成碎块，加鸡汤煮；或去其背，专取肚皮。则真味全失矣。"

鲥鱼味美，素为席上珍品，备受食者赞赏。明朝时，朝廷将鲥鱼定为"贡鱼"。宋时大诗人苏东坡曾有赞鲥鱼的诗曰："芽姜紫醋炙银鳞，雪碗擎来二尺余，尚有桃花春气在，此中风味胜莼鲈。"这是他在镇江焦山品尝鲥鱼后写的。焦山耸峙于长江之中，四面环水，亦是鲥鱼洄游之地，但他品尝的还是"炙鲥鱼"。然鲥鱼肉细肥美，它的鳞又富含油脂和营养，特宜以清蒸。所以从明清开始，清蒸鲥鱼，并不去鳞，成了一种最有公认度的烹饪方法。袁枚是清乾隆时的大美食家，他自然洞明其中奥妙。所以在此条中他指出"蒸食"是最佳，油煎是"亦佳"，其他则是"万不可"之类了。我取先生所教之"最佳"。

**主料：**生净鲥鱼

**调料：**猪网油 、熟火腿、水发香菇、笋尖、甜姜、葱、姜块、绍酒、白糖、精盐、味精、醋、酒酿

**制作过程：**

1.鲥鱼不去鳞，洗净，取一大盘，将小葱平铺碗底，放上鲥鱼，盖上生姜、香菇、火腿、姜片排放整齐。

2.将水、绍酒、盐、白糖、酒酿调成汁，浇在鲥鱼身上，盖上网油。上笼用旺火蒸约30分钟，出笼，去除网油，拣去葱、姜块即可。

**特点特色：**银鳞闪烁，鱼肉鲜嫩，鱼鳞吮之油润。

## [ 王太守八宝豆腐 ]

王太守八宝豆腐源出《随园食单》第十单"杂素单"中。原文是："用嫩片切粉碎，加香蕈屑，蘑菇屑，松子仁屑，瓜子仁屑，鸡屑，火腿屑，同入浓鸡汁中炒滚起锅。用腐脑亦可。用瓢不用箸。孟亭太守云：'此圣祖赐徐健庵尚书方也。尚书取方时，御膳房费一千两。'太守之祖楼村先生为尚书门生，故得之。"

此肴为清宫康熙朝的御厨所创，属羹类菜，康熙食后非常喜欢，赐名为"八宝豆腐"，收入御膳档。康熙认为此羹味美又养生，所以他把此菜的配方及制法，作为一种恩赏赐予老年臣下。

**主料：**嫩豆腐、熟鸡蒲肉、熟火腿、松仁、香菇、蘑菇、瓜子仁

**调料：**鸡汤、盐、味精、熟鸡油、酒各少许，熟猪油、湿淀粉

**制作过程：**

1. 豆腐用清水过净，去边，切成小粒，再焯水，去豆腥味。
2. 将香菇、蘑菇、松仁、瓜子仁、熟鸡蒲肉切成小粒，火腿切末待用。
3. 锅内下猪油倒入浓鸡汤和豆腐粒，加盐烧开后小火稍烩，将以上备好的香菇粒、蘑菇粒、松子仁粒、瓜子仁粒、熟鸡蒲肉粒一同放入锅内炒制，旺火收紧汤汁，放味精，加湿淀粉勾芡，出锅装入汤碗内，撒上熟火腿末，即可。

**特点特色：**洁白细嫩，滑润如脂，滋味鲜美。

# [ 素烧鹅 ]

素烧鹅源出《随园食单》第十单"杂素单"。原文是："煮烂山药，切寸为段，腐皮包，入油煎之，加秋油、酒、糖、瓜、姜，以色红为度。"

素烧鹅是一道"形荤实素"的美食，它的问世也是和古人崇佛食素的需要有关。在今天江南不少地方的餐饮、店家，都有素烧鹅供应。在杭州，还有两种素烧鹅应市，一种是纯豆腐皮包制的，里面只含调味的卤汁，没有馅心。另一种是里面有糯米、白糖、猪油、桂花、桃仁、金橘、佛手、冬瓜条等蜜饯的糯米素鹅。这种素烧鹅属于点心，是杭州的一味传统美食。袁枚所记的素烧鹅包的是山药，经油一煎，外皮金黄，内呈肉色，装盘上桌，清香扑鼻，有如烧烤肥鹅肉。

**主料：**豆腐皮、山药

**调料：**色拉油、酱油、盐、白糖、麻油

**制作过程：**

1. 将山药去皮、在锅中蒸熟，用刀压碎，用盐拌匀。

2. 豆腐皮在砧板上铺平，放入山药泥，包成长 20 厘米、宽 4 厘米、厚 1 厘米的卷。

3. 锅内放入色拉油，将豆腐皮卷两面煎成金黄色，放入酱油、白糖、清水，略收汁，出锅时淋上麻油，待凉后改刀装盘。

**特点特色：**色泽黄亮，鲜香软糯，老幼皆宜，形似烧鹅。

## [ 葱炙排骨 ]

此肴源出《随园食单》第五单"特牲单"的"排骨"条。原文是："取肋条排骨精肥各半者，抽去当中直骨，以葱代之，炙用醋、酱，频频刷上，不可太枯。"

炙即烧烤，是人类知道用火后最早掌握的一种烹饪方法，它的问世比煮、蒸、炖、炒要早得多。因此，从三四千年前的先秦开始，从官府到民间，就有不少美食是用"炙"法烹制的，见载于各种餐饮典籍的也不在少数。如在宋人的《梦粱录》和《武林旧事》中，就收录了不少炙制食品。《随园食单》中这味炙排骨，也可从上述著作中找到它的"祖先"。 在《东京梦华录》的《天宁节》中记录的宋徽宗生日宴菜单里，就有"炙子骨头""群仙炙"等美味。这"炙子骨头"就是当时的"炙排骨"了。

**主料：** 猪子排、小葱、姜丝

**调料：** 胡椒粉、甜面酱、白糖、花椒、酱油、绍酒、芝麻油

**制作过程：**

1.将猪子排切块，放入酱油、绍酒、胡椒粉、白糖、花椒、姜丝，腌渍 1 小时。

2.炒锅内放入芝麻油，将甜面酱倒入锅内，加入白糖、清水少许，用旺火烧香待用，将其均匀地抹在子排上。

3.烤盘内铺入小葱，待烤箱温度升至 150℃放入腌制好的子排，刷上调好的面酱，烤制 40 分钟左右，到八成熟时，去子排中骨，塞入葱段，再刷上面酱，再放入 120℃烤箱内烤制 20 分钟即可。

**特点特色：** 子排浓香入骨，别具风味。

## [ 瓜姜水鸡 ]

瓜姜水鸡源出《随园食单》第九单"水族无鳞单"。原文是："水鸡去身用腿，先用油灼之，加秋油、甜酒、瓜、姜起锅。或拆肉炒之，味与鸡相似。"

**主料：**青蛙、酱瓜、生姜、大蒜子

**调料：**色拉油、酱油、香雪酒、湿淀粉、盐

**制作过程：**

    1.青蛙取腿，用盐、湿淀粉上浆待用。酱瓜切成粒，生姜、蒜头切片。

    2.锅内放油，油温150℃时放入青蛙腿滑油，倒出青蛙腿，锅内留油少许，将生姜、蒜头煸炒香，放入青蛙腿，加香雪酒、酱油炒制入味，出锅淋上麻油即可。

**特点特色：**肉质鲜美，鲜嫩可口。

# ［云林鹅］

云林鹅源出《随园食单》第七单"羽族单"。原文是："《倪云林集》中，载制鹅法。整鹅一只，洗净后，用盐三钱擦其腹内，塞葱一帚填实其中，外将蜜拌酒通身满涂之，锅中一大碗酒、一大碗水蒸之，用竹箸架之，不使鹅身近水。灶内用山茅二束，缓缓烧尽为度。俟锅盖冷后，揭开锅盖，将鹅翻身，仍将锅盖封好蒸之，再用茅柴一束，烧尽为度；柴俟其自尽，不可挑拨。锅盖用棉纸糊封，逼燥裂缝，以水润之。起锅时，不但鹅烂如泥，汤亦鲜美。以此法制鸭，味美亦同。每茅柴一束，重一斤八两。擦盐时，串入葱、椒末子，以酒和匀。《云林集》中，载食品甚多；只此一法，试之颇效，余俱附会。"

**主料：** 母鹅

**调料：** 蜂蜜、绍酒、精盐、葱、姜片、胡椒粉

**制作过程：**

1. 母鹅治净，沥干水分，用绍酒、精盐、葱、胡椒粉擦其腹内，然后在其中塞入葱花，外面鹅身用蜜拌酒涂匀。

2. 锅中放一碗老酒、一碗清水蒸鹅，鹅身不要接触到水，用竹筷子架起来。

3. 灶台用柴火几把，慢慢烧光为止，待锅冷却后揭盖，将鹅翻身，仍将锅盖封好再蒸，再用一把柴火烧之，烧光为止。等柴火自然烧尽，不可挑拨，即可出锅。

**特点特色：** 鹅肉肥嫩，酥烂脱骨，香气扑鼻，口味清鲜。

# [鳆鱼豆腐]

此肴在《随园食单》中两次见述。一是在第三单"海鲜单"中的"鳆鱼"条；二是在第十单"杂素单"中的"杨中丞豆腐"条，原文是："用嫩腐煮去豆气，入鸡汤同鳆鱼片滚数刻，加糟油、香蕈起锅。鸡汁须浓，鱼片要薄。"

袁枚先生对豆腐特别钟情，他的"豆腐得味，远胜燕窝"之说，也广为世人及专业人士所认同。被他收入《随园食单》的豆腐菜及类豆腐制品的菜，也特别多，仅在"杂素单"，他就记述了9种豆腐菜的烹制方法。这些豆腐菜不少还是今天餐馆及百姓家中餐桌上的常客。

**主料：**鲍鱼、内酯豆腐、笋片、火腿

**调料：**清鸡汤、盐、绍酒、味精、胡椒粉

**制作过程：**

1.鲜鲍鱼切成薄片、洗净，内酯豆腐切成骨牌片、笋切成片、火腿切片。

2.豆腐在清水中漂清，放入鸡汤中焯水。再放入清鸡汤中，放入笋片、豆腐、盐、味精、胡椒粉、绍酒烧滚后，放入盅内，上蒸笼蒸15分钟。

3.锅内放清水烧开，将鲍鱼片焯水，放入盅中，再蒸5分钟即可。

**特点特色：**豆腐鲜滑，鲍鱼脆嫩，汤鲜味美。

# [ 车螯虾饼 ]

车螯虾饼是将《随园食单》第九单"水族无鳞单"中的两道菜融合烹制而成的。一道是"车螯"，其原文是："先将五花肉切片，用作料闷烂。将车螯洗净，麻油炒，仍将肉片连卤烹之。秋油要重些，方得有味。加豆腐亦可。车螯从扬州来，虑坏则取壳中肉，置猪油中，可以远行。有晒为干者，亦佳。入鸡汤烹之，味在蛏干之上。"一道是"虾饼"，其原文是："以虾捶烂，团而煎之，即为虾饼。"

**主料：**蛏子、明虾

**调料：**绍酒、干淀粉、花椒、葱、精盐、姜、猪油、啤酒

**制作过程：**

1. 将虾仁剁成虾茸，马蹄切成粒状，膘油剁成膘茸放在一起，用精盐、绍酒、姜末拌匀后，挤出虾肉圆，放至砧板上用手按成虾饼待用。

2. 锅内放入少许油，待油温升至120℃放入虾饼，两面煎熟即可。

3. 面粉用啤酒调成糊，加入淡菜末、酵母、盐调匀。将车螯挂糊，放至150℃的油锅内炸制淡绿色即可。

4. 装盘时，炸好的车螯放在盘中，用虾饼围成圈。

**特点特色：**双鲜合璧，鲜上加鲜。

## [ 鳗面 ]

鳗面源出《随园食单》第十二单"点心单"。原文是："大鳗一条蒸烂，拆肉去骨，和入面中，入鸡汤清揉之，擀成面皮，小刀划成细条，入鸡汁，火腿汁，蘑菇汁滚。"鳗面，乍一看，似乎是一味常见的"料儿面"，如大肉面、鱼片面、笋丝面之类，其实不然。因为一般的"料儿面"的"料儿"都是在烹调过程中外加的，而这味鳗面的"料儿"——鳗及鸡汤是"和入面中"的，有如人们用蔬菜和水果汁和面制成的各种颜色及风味花色面一样，它的"料儿"与面是从形、味和质都融为一体密不可分的。

据考古发现，中国人制面已有四千多年历史，这种把"料儿"及汁水直接和入面中的制法也早已问世。据贾思勰的《齐民要术》载，在一千五百多年的南北朝时，就已经有用肉汁和面制作的面条了。因为面条都要用汤水煮，当时人们称它为"汤饼"和"水引饼"，这种肉汁面就被称为"水引馎饦饼"。

**主料：**鳗鱼、面粉、鸡汤、火腿、蘑菇

**调料：**盐

**制作过程：**

1.将鳗鱼洗净后，放入蒸锅内，旺火蒸熟烂，拆肉去骨，把取下的鳗鱼肉，和入面中，加入鸡汤揉匀，擀成面皮，用小刀切成细条。

2.锅内倒入鸡汁、火腿汁、蘑菇汁，放入面条滚熟即可。

**特点特色：**面条柔滑，鳗鱼香脆，味道鲜美。

## [ 鸡卤混套 ]

混套源出《随园食单》第十一单"小菜单"。原文是："将鸡蛋外壳微敲一小洞，将清、黄倒出，去黄用清，加浓鸡卤煨就者拌入，用箸打良久，使之融化，仍装入蛋壳中，上用纸封好，饭锅蒸熟，剥去外壳，仍浑然一鸡卵，此味极鲜。"

**主料：**鸡蛋、鸡汤

**调料：**盐

**制作过程：**

1.把鸡蛋外壳敲开一小洞，将蛋清、蛋黄倒出，去掉蛋黄，保留蛋清，加入煨制好的浓鸡汁，用筷子搅拌，使之融合。

2.把搅拌好的蛋液装回蛋壳之内，用纸封好小洞，在饭锅上蒸熟剥去外壳，装盘即可。

**特点特色：**鲜滑细腻。

# 烧尾宴

"烧尾宴"，中国历史五大名宴之一。盛行于唐代，始于唐中宗时期，到了唐玄宗开元时期，就销声匿迹，仅在中国历史上存留20多年。烧尾宴有据可考的文献少之又少，复原难度极高。为了再一次重现名宴历史风采，我用3个多月时间研究菜单，并与20多位杭州大厨精英切磋交流，对流传下来的食单进行研究和推敲，最终确定菜谱，然后开始实验性烧制。有的菜品光原料就调试了10多次；有的菜品反复烧制，推敲探求古人的意图，并结合现代烹饪技术和手法，最终成功复制名宴"烧尾宴"。

应国外客户的预订，我此次精心制作的"烧尾宴"大作，将筵席分成午宴和晚宴两场，除了将原本《清异录》上记载的58道菜进行筛选复刻之外，还吸收了周边相关的菜肴，每一桌宴席都包含10道冷菜、16道热菜和12道点心，共计76道菜品。烧尾宴的上菜顺序是"三菜夹两点"。每场宴席都持续了3个多小时，也就意味着一天24小时，有8个多小时的时间是在不间断地上菜。后厨20位经验丰富的老厨师不间断地进行烹饪，点心师傅也随时待命，根据每道菜的顺序上相应的点心，工序极为复杂，菜品极其丰富，以至于让看

客 "眼饱"。盛宴所使用的餐具更有讲究，清一色的龙泉的青瓷，看似质朴无奇，配上菜品后，若置身于餐桌旁，仿佛穿越千年，来到唐朝盛世之中。

"烧尾宴"历史的光环是奢华的，然而如今的重现，则是后人对历史的尊敬，对中国饮食文化的追随。制作这桌宴席，菜肴及它们之间的搭配至关重要，适当的时候，我们也会进行改良和创新。烧尾宴上第42道菜"雪婴儿"光食材我们就调试了10多次。据资料上说，这道菜的主要食材是蛙和豆粉。我们尝试直接将豌豆粉扑在青蛙上过油炸，样子不好看，推翻了，后来将青蛙酿在肉末中炸，也不行，没有"雪"的感觉。最后，大家决定用鱼茸，在整片的猪肥膘上酿一层鱼茸，再铺以整只去皮的青蛙，这样形态上"雪里婴儿"的感觉就有了。为了保证鱼茸色泽雪白，我们先将主料在温油中慢慢浸熟，再入油锅，将猪肥膘单面煎至酥脆。"遍地锦装鳖"，按唐代食单的烧法，这道菜是将甲鱼红烧后，包裹羊网油入蒸笼，至油脂溶化吸收，装盘时再点缀明黄的鸭蛋黄而成。然而这样的烧法，热量高，钠摄入量高，而且羊网油味道接受度不高。另外，菜单上的红烧菜肴已经有好几个了，于是我建议将红烧改为了"冰糖蒸"。我们用三斤重的清溪野生甲鱼，脱骨入盅，做成冰糖蒸甲鱼，色泽清透，口感清甜。最后用蛋黄做成蛋丝，围成边，视觉上形成黄金环绕、遍地锦装的效果。

烧尾宴上美味陈列，佳肴重叠。其中《清异录》中记载的就有58款肴馔留名于世，成为唐代负有盛名的"食单"之一。这58种菜点有主食，有羹汤，有山珍海味，也有家畜飞禽。食单中的菜肴有32种。从取材看，有北方的熊、鹿，南方的狸、虾、蟹、青蛙、鳖；还有鱼、鸡、鸭、鹅、鹌鹑、猪、牛、羊、兔等等，真是山珍海味，水陆杂陈。筵席上有一种"看菜"，即工艺菜，主要用来装饰和观赏，这是古来就有的。食单中有一道"素蒸音声部"的看菜，用素菜和蒸面做成一群蓬莱仙子般的歌女舞女，共有70件。

# [ 暖寒花酿驴蒸 ]

　　"暖寒花酿（驴蒸耿烂）"是唐代"烧尾宴"第四十九道"奇异"看馔。驴蒸耿烂并不难，花酿酒首次出现在看馔的烹饪上。"暖寒"即为酒，谓冬日饮酒暖身驱寒。桂花陈酿加上其他的调味烹煮驴肉是最佳的选择。俗话说得好："天上龙肉，地上驴肉"，用美酒烹饪驴肉是《清异录》作者、五代至北宋的大官陶谷认为"奇异"的缘由。

**主料：** 驴肉
**制作过程：**

　　将驴肉用温水洗净，放入沸水锅内余5分钟，煮出血水，再洗净，切成方块。取砂锅一只，用小蒸架垫底，先铺上葱、姜块，然后将猪肉整齐地排在上面，加白糖、酱油、绍酒，再加葱结，盖上锅盖，用旺火烧开后密封边沿，改用小火焖两小时左右。至肉到八成熟时，开盖，将肉块翻身，再加盖密封，继续用小火焖酥。然后将砂锅端离火口，撇去浮油，皮朝上装入两只陶罐中，加盖，上笼用旺火蒸半小时左右，至肉酥嫩。食用前将罐放入蒸笼，用旺火蒸10分钟即可。

# ［红羊枝杖］

　　"红羊枝杖"是唐代该宴第三十九道"奇异"肴馔。北方"红羊"是我国北方的珍稀羊种，肉质肥美，南方罕见，故成为生性奢侈的吴越国王钱俶的妻弟孙承佑，款待宾客的首选佳肴。"红羊"的记载最早当属"烧尾宴"。"红羊枝杖"主要是为了烧烤的方便，便于翻身均匀受热。唐代的青铜铁器锻造已经很发达，两头用造型类似树杈的枝杖在地上直立固定，然后把腌制好的羊平放，将四腿绑扎在铁架上，铁架的中轴正好架在枝杖的 Y 型叉里，这样便于烧烤时翻转。

**主料：**盐池羊肉

**制作过程：**

　　将盐池羔羊羊肉用盐、香料腌制 12 个小时，放在炭火上烤制，生烤 6 个小时即可。

# ［逡巡酱］

　　"逡巡酱"是唐代"烧尾宴"第三十三道"奇异"肴馔。"逡巡"是指来回和徘徊的意思，在烹饪上是来回搅拌。这道肴馔就是用鱼肉和羊肉现场相拌而食，是唐代庖厨对远古"鲜"字所做的诠释。

**主料：** 鲈鱼、羊里脊
**制作过程：**

　　　将羊里脊和鲈鱼分别切丁上浆划油熟制后，放入盘子两旁，用烧熟的豆瓣酱围在周围，上桌后现场搅拌食用。

# [ 赐绯含香粽子 ]

"含香"是指糯米里拌了各种调料，"赐绯"是粽子煮熟以后外面又淋了一层蜂蜜，呈现红色。在唐朝，五品以上大官才能穿红色常服，皇帝为了笼络不到五品的官员，可以特许他穿红袍，这叫"赐绯"。用它来形容粽子，也是讨个好口彩的吉祥话。

**主料：** 糯米、肉桂粉、白糖、蜂蜜、粽叶、玫瑰花碎
**制作过程：**

将糯米洗干净后用水浸泡1小时后沥干水分，加入肉桂粉，白糖拌匀。取粽叶放入拌好的糯米，包成三角形粽，将生品粽子放入锅内加入水至满烧，先大火烧开后改为小火烧制2个小时即可。待要上桌前，把粽叶剥掉，在粽子表面淋上蜂蜜，在尖角上撒上玫瑰花碎即可。

## [过门香]

**主料：**猪肉、牛肉、鱼片
**制作过程：**

猪肉、牛肉、鱼片，
三种肉切成薄片，
加料酒腌制后，用
生粉敲打成透明状，
入油锅炸透即可。

## [八仙盘]

**主料：**鹅
**制作过程：**

用红卤水卤制鹅，
冷却后将鹅的八个
部位：鹅头、鹅脖、
鹅掌、鹅胸、鹅肝、
鹅翅、鹅胗、鹅腿
切好装入八仙盘中。

## [ 花皮拉丝 ]

**主料：**山羊皮

**制作过程：**

山羊皮沸水中烧熟
后压平，切成丝，
用调味料凉拌即可。

## [ 升平炙 ]

**主料：**鹿舌、羊舌

**制作过程：**

鹿舌、羊舌盐水烧
制，切片用香菜一
起拌制即可。

## [ 水炼犊 ]

**主料：** 小牛腿

**制作过程：**

小牛腿切块焯水后，加入用牛骨熬制的牛肉汤，蒸制 3 个小时，再改为慢火煨熟。

## [ 雪婴儿 ]

**主料：** 田鸡

**制作过程：**

把田鸡剥皮去内脏后，粘裹精豆粉，下火锅煎贴而成。银色白如雪，形似婴儿，故名。

## [ 金银夹花平截 ]

**主料：** 面粉、泡打粉

**制作过程：**

葱花卷拢，切成刀切状，两头放入蟹黄馅，发酵后入蒸箱蒸熟即可。

## [ 双拌方破饼 ]

**主料：** 面粉、猪油、细沙馅、红色樱桃

**制作过程：**

用油酥面包裹细沙馅，做成八角形，刷上蛋液，入烤箱烤成金黄色即可。

## [ 水晶龙凤饼 ]

**主料**：糯米粉、黏米粉、
　　　　绵白糖、枣泥馅
**制作过程**：

将糯米粉、黏米粉、
白糖搓成颗粒状，
网筛过筛。模具中
放入枣泥馅，上粉、
抹平、按实。用敲
棒把糕的生胚敲落
在木板上，入蒸锅
蒸制即可。

## [ 单笼金乳饼酥 ]

**主料**：面粉
**制作过程**：

将红腐乳加糖调成
馅心，制作油酥面
擀成薄卷拢，下剂。
将剂子按扁包入红
腐乳馅，收口朝下，
放入笼内醒发 2 小
时，入蒸箱蒸熟即
可。

# 第六章
# 西湖十景宴

水光潋滟晴方好，山色空蒙雨亦奇。

欲把西湖比西子，淡妆浓抹总相宜。

——宋·苏轼

# [ 首创西湖十景宴 ]

西湖十景，始于南宋画家马远画的西湖山水的命题，至今已有700多年。《方舆胜揽》记载："西湖山川秀拔，四时画航遨游，歌鼓之声不绝，好事者尝命十题，有曰：平湖秋月、苏堤春晓、断桥残雪、雷峰夕照、南屏晚钟、曲院风荷、花港观鱼、柳浪闻莺、三潭印月、双峰插云。"这是西湖十景在地志书上最早的记载。清康熙38年（1699年），康熙南游西湖，为十景题了字，又刻石建碑，流传至今。

上世纪50年代，周恩来总理在西湖"楼外楼"宴请外宾，曾对厨师说过，西湖十景应当搬上餐桌，把游览天堂胜景的美感，与品尝西湖名菜佳肴情趣结合起来，使中外游客在杭州留下更加深刻的印象，这是一件弘扬中华民族传统文化的大好事。

当时，杭州饮食业曾遵照总理嘱托，组织名厨潜心研制。但是，由于种种原因，"西湖十景"全席宴始终未能问世。1985年杭州市烹饪协会成立，第一件事就是研制"西湖十景"宴，我也有幸参与其事，为完成周总理遗愿，尽了心，出了力。经过大家一年多的努力，"西湖十景"宴终于在"天香楼"菜馆诞生了。新研制成的"西湖十景"全席宴，构思新颖，意境清新，从冷盘开始，一盘一个景，一景一个样，让人目不暇接。其中的"苏堤春晓"，菜中象征春晓的十只春鸟，是用十只鹌鹑以杭州传统的叫化童鸡制法制成，用绍兴老酒裹荷叶青泥煨熟。十只飞鸟围绕着用鹿蹄筋摆成的苏堤闹春，不仅造型新颖，而且香酥有味。"曲院风荷"，借鉴广东名菜茅台鸡的制法，一大片鱼翅用茅台酒焖烧，呈现一片片散发着酒曲幽香的荷叶。"断桥残雪"，避开一断一残不吉利的写实表现，以蛋清菜汁蒸芙蓉铺底，摆上用蛋糕刻的古桥，火腿切片铺成的堤岸。盘中用清水马蹄雕成梅花，梅芯缀以虾仁、火腿热炒，四周配以十只不同形状用鲍鱼刻成的白鹤，寓意"梅妻鹤子"传说，意境一新。

"西湖十景"席中有美食的享受，还有诗意气氛的配合。"雷峰夕照"就采用了"雷峰塔倒，白蛇娘娘脱逃"的民间传说，使其情趣迭生。上席时，忽然灯光熄灭，只见盘中一只用蟹黄蛋卷制成的螃蟹，据说是法海藏身其中。客人正在疑惑，灯光一下复明，服务员答谢道："雷峰塔倒，白蛇娘娘得救，这里也有诸位的功劳，谢谢了。"大家这才如梦初醒，恰似游历了神话幻境。十景宴中的甜点心，汇集人间珍品，使全席达到高潮。"柳浪闻莺"中的黄莺，"平湖秋月"中的玉兔，都用面食做成，形象逼真，奶香味美，让人饱了眼福，又饱口福。

"西湖十景"宴不仅显示了美的艺术造型，而且还融入了厨师的刀功、雕刻、装盘等技艺，炸炒熘煨诸般烹饪技巧。同时，全席还做到了冷盘热炒搭配有序，真正做到了色、香、味、形俱佳。

《西湖十景宴》全席菜肴包括冷盘、大菜、热炒、汤菜、点心等几部分，菜名则分别用西湖十景命名，四道点心分别插入菜中上席。点菜结合也是此宴席的一种新的尝试。它汇集了杭菜的精华，突出了景色的情意，将品尝西湖佳肴的情趣与游览天堂美景的兴致巧妙地结合在一起，令人惊叹，使人心醉。

西湖十景宴按其上菜顺序的名称是：三潭印月、断桥残雪、平湖秋月、苏堤春晓、柳浪闻莺、南屏晚钟、双峰插云、雷峰夕照、曲院风荷、花港观鱼。景色与菜点相互交融，惟妙惟肖。

[三潭印月]

[断桥残雪]

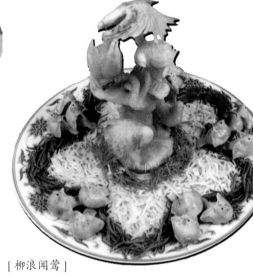

[柳浪闻莺]

[平湖秋月]

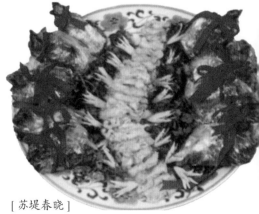

[苏堤春晓]

[南屏晚钟]

[双峰插云]

[花港观鱼]

[雷峰夕照]

[曲院风荷]

## [ 再创西湖十景宴 ]

2001年，在首创西湖十景宴26年之后，杭州饮服集团作为杭帮菜的龙头企业，在创建和经营管理中国杭帮菜博物馆的过程中，担当起梳理、总结杭帮菜发展的重任；对本帮传统菜和上世纪的创新菜肴进行梳理、总结，改良创新再塑"西湖十景宴"。新西湖十景宴由杭州饮服集团总经理、中国杭帮菜博物馆馆长戴宁率领集团四代厨师精英研发创新，由我和中国烹饪大师王仁孝领衔，董顺翔、王政宏、刘国铭、赵杏云、夏建强、丁灶土、陈永青、赵再江、施册、陈何胜、任震威、盛钟飞、胡峰、方卓子等一批老中青年厨师集思广益，群策群力共同完成。摒除了老"西湖十景宴"重雕琢轻自然、重比赛轻日常供应的不足。新西湖十景宴融合了当今杭帮菜的最高烹饪技艺，充分体现大气、精致的制作特点，可称为杭帮菜繁荣发展的时代结晶。筵席分为一组冷盘、一组点心、八道热菜，采用传统上法，景色与菜点相互交融，惟妙惟肖，令人惊叹。

# [曲院风荷]

*古来曲院枕莲塘，风过犹疑酝酿香。*

*尊得凌波仙子醉，锦裳零落怯新凉。*

—— 明·王瀛

　　创制理念来自花式冷拼，以荷为主题的方盘中，用卤鸭、火腿、芥兰、胡萝卜、蛋黄拼接成一叶鲜荷的造型，周围簇拥着八道造型各异的冷菜、油爆虾、豆豉带鱼、杭州糟鸡、什锦素菜、香煎素卷、咸肉排南、蒿菜卷、酱萝卜，道道都是杭城百姓家中饭桌上的"常客"。

**总盆原料：**白蛋糕、黄蛋糕、胡萝卜、黄瓜、卤鸭脯、西芹、青椒

**操作方法：**将白蛋糕、黄蛋糕、胡萝卜、黄瓜、鸭脯切成长方片，依序排好，做成荷花形，用西芹、青椒做成荷叶、荷花蒂和柄。

**八味围碟原料：**千张蒿菜卷、糟鸡、牡丹酱萝卜、油爆虾、灵隐素鹅、豆豉黄鱼、八宝菜、盐件儿。

# [ 三潭印月 ]

*百遍清游未拟还，孤亭好在水云间。*

*停阑四面空明里，一面城头三面山。*

—— 清·许承祖

　　菜肴制作摄取三潭作景。每一潭用鲜嫩芦笋串连三枚大小不同的鱼圆立于盘中，鱼圆中间间隔不同大小的香菇，作为塔檐，露出的笋尖似为塔尖，三潭形象瞬间呈现。盘内盛入蟹黄烩鱼酥，三潭伫立与爽滑汤羹之上，更加生动逼真。经翻炒后的渗出金黄蟹油恰似波光粼粼的湖面，惟妙惟肖，真乃观之有景、食之有味。

**主料：** 鱼肉、鸡蛋清、香菇、火腿、蟹黄、生姜

**调料：** 精盐、绍酒、味精、色拉油、淀粉

**制作过程：**

1.将鱼肉剁成茸，加入清水、蛋清、绍酒、姜汁、精盐成鱼茸。

2.将鱼茸做成6粒鱼圆，和香菇、火腿制成三个三潭，其余鱼茸做成0.5厘米大的小鱼圆。

3.小鱼圆加入清水、盐、味精、淀粉勾芡，盛入盘中，锅内放油，用小火将蟹黄煸出蟹油后，洒在鱼圆上，中间放上三潭。

# [断桥残雪]

澄湖绕日下情满，梅际冰花半已阑。

独有断桥荒藓路，尚余残雪酿春寒。

——明·杨周

　　从传统名菜"鲍鱼捞饭"中得到灵感，选用上等日本禾麻鲍，鲍身体态修长，形状似艇。并在此鲍最见特色的针孔处插上一枚芦蒿，意为船篙，用黄瓜雕成船篷状倒扣于鲍身，无需过多雕琢，便犹如一只只停泊在寒江雪中的渔船。一旁将米饭倒扣，其形状酷似拱桥，再将芝麻碎粒散落于米饭之上，极像赏雪之人留下的脚印。观景品尝仿佛置身于断桥残雪的意境之中，心生无限遐想。

**主料：**日本禾麻干鲍、米饭、老母鸡、排骨、鸡爪、火腿、干贝、生姜、葱、黄瓜、面棒

**调料：**酱油、绍酒、冰糖、蚝油、老抽、色拉油

**制作过程：**

1. 干鲍浸泡一天后，洗净。

2. 老母鸡、排骨、鸡爪，切大块用色拉油炸后放入大砂锅，放入鲍鱼、火腿、干贝、葱姜，加入调味料，焖烧至鲍鱼软糯为止。

3. 将鲍鱼放入盆中，淋上鲍汁，装上黄瓜片、面棒作船形，边上放上米饭作断桥。

# [平湖秋月]

月冷寒泉凝不流，棹歌何处泛归舟。

白苹红蓼西风里，一色湖光万顷秋。

—— 宋·孙锐

在设计此菜时，从平湖秋月澄静的意境立意，在传统菜肴"黄酒冲蛋"的基础上加以改良，借纯白的燕窝喻指微波荡漾的湖面。盛器青花瓷碗古朴素雅，碗底微火慢炖，燕窝散出淡淡清香，小沸之时敲入新鲜鸽蛋，注入滚烫黄酒，浓郁的酒香扑鼻而来。蛋清与蛋黄冲开瞬间，宛若秋夜月光倒影湖面，水月交汇，星星点点。

**主料：** 水发燕窝、鸽蛋

**调料：** 冰糖水、桂圆汁、椰子汁、芒果汁、清鸡汤、精盐

**制作过程：**

1. 将水发燕窝放蒸箱略蒸，盛入碗内。

2. 鸽蛋去壳，放入调羹蒸熟，放在燕窝上。

3. 清鸡汤放锅内烧开加入精盐，盛入壶中，冰糖水、桂圆汁、椰子汁、芒果汁均烧热，盛入小盅内，上桌时围在燕窝边上。

# [ 苏堤春晓 ]

柳暗花明春正好，重湖雾散分林沙。

何处黄鹤破瞑烟，一声啼过苏堤晓。

——明·杨周

此菜为一套素菜。盘中用面筋、萝卜、香菇烹制成素东坡肉排列成堤状，边围杭州名菜兰花春笋，比喻苏堤沿岸柳树成荫，莺飞草长。周围搭配羊肚菌、腌菜冬笋、虫草花、竹荪菌、紫薯、玉米笋等六道造型各异、色彩斑斓的素菜，犹如俏春绽放的花朵，尽显昂然春意。

**主料：** 百令菇、水面筋、春笋

**调料：** 酱油、白糖、精盐、味精、麻油

**制作过程：**

1. 春笋去壳取笋尖，用小刀在笋尖处切三刀，放冷水中浸半小时，笋即成兰花形，四季豆切菱角片。

2. 水面筋、百令菇放酱油、白糖经烧入味，然后一层菇一层面筋做成五层肉压平，冷却后用刀修成方块成东坡肉形，再放笼中蒸热放盘中，淋上原汁，边上放上在水油中烧熟、调味后的四季豆和兰花笋，即成苏堤。

3. 在苏堤边上围上用六种蔬菜为原料的菜作围边，它们是：冬笋冬菜二冬卷、竹荪芦笋卷、仔姜萝卜卷、虫草花紫薯卷、绿豆芽玉米笋、羊肚菌杏鲍菇，以作春晓。

# [南屏晚钟]

玉屏青障暮烟飞，绀殿钟声荡翠微。

小径殷殷惊鹤梦，山僧归去扣柴扉。

—— 明·万达甫

作为宴席最后上的一道美味，自然是各色精致点心。组合中间为一口面粉捏制的大钟，当用木槌敲钟，仿佛听到静寺钟声萦绕于耳，敲开盘中面做的大钟，一品桂花鲜栗羹缓缓流出，清香扑鼻而来，四溢全身；周围排列六款精致糕点，定胜糕寓意凯旋而归，春卷寓意吉祥如意，花生酥寓意早生贵子，翡翠饺寓意更岁交子，汤圆寓意喜庆团圆，南瓜元宝糕寓意财源广进。一席集合了福气、财气、运气、喜气的特色糕点型味相交，观赏结合，别有一番风味。

**主料：**面粉、南瓜馅、栗子、糖桂花、藕粉、色拉油、黄油、白糖

**制作过程：**

1. 将面粉、南瓜馅、色拉油做成南瓜酥，配上藤叶，放在总盆一边。

2. 栗子切片，加入白糖、藕粉、糖桂花做成桂花鲜栗羹盛碗内，放总盆一边。

3. 用黄油、面粉做成铜钟，在烤箱内烤熟，罩在桂花鲜栗羹上，边上放一把木槌。

4. 在点心总盆边上围上六道点心：三丝春卷、定胜糕、花生酥、三色汤圆、元宝饺、青饺。

# [ 柳浪闻莺 ]

*涌金门外柳如金，三日不来成绿阴。*

*折取一枝入城去，教人知道已春深。*

—— 元·贡性之

　　菜肴将上等东海大对虾巧妙加工后制成小鸟造型，香蒿、火腿、冬笋切成三丝化作小鸟羽毛，排成翅膀状，对虾经易容之后形似雏鸟，栩栩如生。盘边用拔丝海苔稍加点缀，烹饪手法是继承传统拔丝的创新、改良的产物，是杭帮菜中优秀的代表技艺。如今，拔丝选葡萄糖和果糖为原料，体现了现代人崇尚健康饮食的理念，拔出的丝线通透细长，寓意柳浪连绵、莺啼盈耳之盎然生机。

**金橘版：**

**主料：** 对虾、虾仁、金橘、火腿、香菇、笋、绿蔬、菜心、紫菜

**调料：** 精盐、绍酒、味精、白糖、淀粉

**制作过程：**

　　1. 将火腿、香菇、笋、绿蔬切丝，对虾去壳调味上浆，将以上各丝包入对虾中成鸟身，虾仁斩茸调味做成鸟头放在对虾上。

　　2. 白糖放锅中，加水熬到能拉出糖丝时放金橘，将拉出糖丝的金橘放盘中间，上面粘上紫菜，成柳枝形。

　　3. 虾鸟放笼中蒸熟、菜心氽熟，锅内放入清水，放入盐、味精、绍酒、淀粉勾芡，淋在虾鸟及菜心上，将菜心、虾鸟围在金橘边上即成。

**莼菜版：**

**主料：** 对虾、虾仁、莼菜、土豆

**调料：** 精盐、绍酒、味精、淀粉、色拉油、麻油

**制作过程：**

　　1. 将火腿、香菇、笋、绿蔬切丝，对虾去壳调味上浆，将以上各丝包入对虾中成鸟身，虾仁斩茸调味做成鸟头放在对虾上。

　　2. 莼菜在开水中氽熟，加入盐、味精、麻油拌均盛入盆中。

　　3. 土豆切丝，做成鸟巢用色拉油炸后放在莼菜上，虾鸟放笼中蒸熟，放在莼菜和鸟巢中。

# [双峰插云]

*南北高峰高插天，两峰相对不相连。*

*晚来新雨湖中过，一片痴云锁二尖。*

—— 清·陈糜

宴席中的双峰插云，参考了传统名菜"傍林鲜"的制法。先将整支春笋中间嵌入咸肉，盐焗而制，支支春笋立于盘中形似山巅青松巍峨耸立，后将一同以盐焗而制的大花蟹，对半立于盘中，象征着两座突起的山峰隔空相对，盘底放入干冰，撒上黄酒，顿时烟雾缭绕，似浮云漫于双峰之间，峰藏云，云拥峰，峰云交错，有如蓬莱，蔚为壮观。

**龙虾版：**

**主料：** 精盐、绍酒、味精、色拉油、淀粉

**调料：** 精盐、绍酒、味精、淀粉、色拉油、麻油

**制作过程：**

1. 龙虾去壳取肉，切成龙虾片，用盐、蛋清、淀粉上浆，龙虾壳在笼中蒸熟。

2. 牛奶、鸡蛋清、淀粉拌均，在温油中炒熟成蛋奶片，龙虾片在热油中烧熟。

3. 将龙虾片、蛋奶片、香菇、火腿、笋片加入精盐、绍酒、味精、清水、淀粉勾芡，盛入盘中，龙虾头、身作造型。

**花蟹版：**

**主料：** 花蟹、笋、鳜鱼肉、锡纸

**调料：** 盐、绍酒

**制作过程：**

1. 鳜鱼肉切小粒，用绍酒、盐腌渍，笋洗净留壳中间用小刀镂空，用盐水泡1小时，酿入鳜鱼肉，用锡纸包住笋根部。

2. 花蟹切下蟹脚，一切两半，用盐、绍酒腌渍，用锡纸包好。

3. 烤箱温度调至200℃时，将花蟹、笋埋入盐中，烤20分钟，去掉锡纸，装盘即成。

# [雷峰夕照]

烟光山色淡演钱，千尺浮图兀倚空。

湖上画船归欲尽，孤峰犹带夕阳红。

——元·尹廷高

雷峰夕照菜肴蕴含了无限的想象空间，这是将多次获奖的名菜金牌扣肉创新改塑成为六边形，层层阶梯错落有致的造型；周围用金黄玉米饼围边，宛若古塔斜阳，落日余晖，意境深远。

**主料：** 猪条肉、笋干、菜心、乌笋、面粉

**调料：** 酱油、绍酒、白糖、姜、葱、胡萝卜汁、菜汁

**制作过程：**

1.将猪条肉切大块，放入酱油、白糖、绍酒、姜块、葱结，烧至七成熟后，取出冷冻。笋干洗净切段放入红烧肉汤内，烧透。

2.红烧肉取出切成六边形的块，沿六边形用刀片成连续不断的肉片，然后放入六边形的模具中，中间放入笋干，上笼蒸透。

3.将面粉加入胡萝卜汁、菜汁，制成胡萝卜饼、菜汁饼、原味饼，卷好待用，乌笋修成葫芦形、菜心修成橄榄形，烧熟调味。

4.将笋干扣肉放入盆中间，上面放上塔尖、周边围上菜心、面饼、乌笋即成。

# [花港观鱼]

*水上新红漾碧虚，户国景物尽邱墟。*

*就中只觉游鱼乐，我亦忘机乐似鱼。*

—— 清·许承祖

　　宴席中的花港观鱼，引用杭州传统名菜鱼头豆腐浓汤。原料选自千岛湖鱼头，以杭州什锦火锅制法，浓汤中加入各色丸子，红色虾丸、粉色肉丸、白色萝卜丸、绿色冬瓜丸等。待煮熟之后漂浮于汤面，宛若落英缤纷的花瓣浮于池面，与汤底的鱼头形成一幅生动的花港渔图，相映成趣。

**主料：** 千岛湖鱼头、虾仁、猪精肉、水发辽参、鱼肉、胡萝卜、冬瓜、菜心、莴苣、生姜、葱

**调料：** 盐、味精、绍酒、猪油

**制作过程：**

　　1.将虾仁、猪精肉、鱼肉剁成茸，分别加盐、味精、水后打上劲，做成虾丸、肉丸、鱼丸，在水中氽熟。胡萝卜、莴苣、冬瓜用刀修成球，辽参开水出水，菜心修齐。

　　2.锅内加入猪油，放入鱼头在油中略煎，加入开水、绍酒、姜块、葱，加盖，烧1小时，盛装到砂锅中，周边围上各种丸子，加入盐、味精，将砂锅放到炉火上再烧20分钟即可。

第七章

# 味美五洲

随着杭州国际知名度的逐渐提升，尤其是西湖申遗成功之后，美丽的西湖更被世人所知。这几年，杭州餐饮"走出去"的速度正在日益加速。走出去不是一句口号，而是实实在在的行动。杭州厨师梦之队不断走出国门，走向世界，从2008年的联合国中国（杭州）美食节开始，到2009年的杭州（台北）美食节，2010年的杭州（台中）美食节、新加坡美食节，2011年的杭州（高雄）美食文化节、杭州（维也纳）美食节、杭州"爱尔兰美食节"、第五届亚洲素食大会，杭州餐饮不断刷新着人们心目中对杭州菜肴烹饪艺术的体验和杭州美食文化的认知，也不断向世人推介着杭帮菜的品牌文化，不断呈现杭州独特的城市形象，并一步步推动杭州朝"世界休闲美食之都"的方向迈进。

## ［联合国外交官餐厅爆棚的杭州美食］

龙井问茶、南宋蟹酿橙、龙虾芙蓉蛋、翡翠珍珠鱼圆…… 这一道道具有杭州特色的美味佳肴曾在美国让联合国外交官们竖起大拇指。

到联合国总部举办美食节？在接到请柬之前，我从来都不曾想到，有朝一日，自己会作为中国美食团的技术总监，在纽约联合国总部向世界展示杭州菜的魅力。接到请柬的时候有点意外，但很快转为了欣慰。经过这么多年的成功发展，杭州菜终于迎来了登上国际最高展示平台的机会。它不仅有助于加深杭州与国际餐饮业的交流，也是杭州菜走向世界的全新尝试。

经过近5个月的筹备，2010年10月15日，由杭州饮食服务集团派出的精兵强将，包括我和董顺翔等拥有"中国烹饪大师"称号的名厨在内的16人厨师团，由杭州餐饮服务集团总经理戴宁作为本次美食团的团长，出征联合国。

在这次由中国常驻联合国代表和杭州市人民政府联合举办的联合国中国（杭州）美食节上，我们厨师团队各显神通，充分展现了中国烹饪艺术的奇妙和中华美食文化的魅力。

　　我们还结合中国八大菜系和杭州佳肴特色，推出了每日的主题菜肴。10天的美食节，每天10道冷菜、8道热菜、20道甜点，每天的菜品都不重复。外交官餐厅位于联合国会议大楼四层，规定接待是以400人为限的，结果美食节第一天供应午餐时餐厅就爆棚了，直到下午3点才结束供应。比如"西湖雪媚娘"是午餐亮相的12道点心之一，这道杭州新生代的点心，质感细腻，色如白雪，用小竹篮盛放，装点很独特。午餐中不少品尝过的客人甚至再次排队再饱口福。

我与戴宁总经理在联合国中国美食节餐厅现场

# [ 大使工作午餐 ]

10月20日中午，中国美食节序幕刚刚拉开，中国常驻联合国代表、特命全权大使张业遂特意安排了工作午餐。他以安理会轮值主席的身份宴请美国、俄罗斯、英国、法国等安理会成员国的常驻代表，和联合国秘书长以及他的政治事务、法律事务、维和事务副秘书长等高级顾问共27人。联合国秘书长潘基文出席工作午餐，这无疑为大使工作午餐添上了重重的一笔，成为联合国中国美食节中最重和最亮丽的一幕。

大使工作午餐在20日下午1点30分正式开始。大使宴共有四道菜点，一盘水果，一杯西湖龙井茶。菜点简洁却选料讲究，制作精细，精选于宫廷官府宴，彰显出了杭州菜之高贵和大气，亦与宾主身份相符。

第一道菜名为"翡翠珍珠鱼丸"。白底青花金边的骨碟上，托着有二龙戏珠图案的两耳小盅，精致考究，很有宫廷皇家气派。掀开盅盖，青白相间，清香飘逸。青的是蔬菜汁，白的是用鲢鱼制成的小丸子，是一道继承杭州传统名菜"斩鱼丸"的工艺菜肴。从器皿到菜肴，风雅高贵，清新淡爽。席间人士一见此菜，初为盛器惊愕，后被汤菜征服，一盅佳肴，滴汤不漏，尽流咽喉。

第二道菜取名为"一品官府鲍鱼配米饭"。就做菜而言，杭州菜在取料和烹制上是很讲究的。鲍鱼菜现散见于各高档筵席中，大使宴的鲍鱼，是用上等的鲍鱼，小火慢炖18小时精心制作而成，其光泽透亮，绵软适口。临开席前，美食团接到指示，有一官员因身体原因，不宜食用。不料其一反常习，全部食之。

第三道菜是"宫保雪花牛肉配龙须面"。雪花牛肉选日本上乘的牛肉，按川菜的"宫保"做法烹制。说到"宫保"，讲点题外之话，现在许多菜谱将"宫保鸡丁"写成"宫爆鸡丁"，一字之差，却全无四川名菜的文化内涵了。此菜掌勺者为杭州知味观行政总厨、中国烹饪大师夏建强大师，龙须面则出自杭州知味观中点副总厨、中国烹饪名师丁灶土之手，一根面条用手反复拉成了4096根细如发丝的龙须面。

第四道菜是点心两例：一例为"西湖雪媚娘"，另一例是"龙井问茶"。菜点完后，上水果拼盘和西湖龙井茶。

　　在大使工作午宴进行中，杭州电视台的记者来到了厨房，当记者采访餐厅巴思卡副厨师长时，他说，他以往很少加班，这两天和中国厨师在一起加班，值得！看到大使宴的菜，他学到了很多东西，被中国厨师的精湛技艺所折服。

　　在工作午餐上菜的过程中，外交官餐厅服务经理默罕穆德汗频频地向中国美食节美食团的工作人员举手示意：非常棒，了不起！这里要提及的是住在纽约的杭州人赵林浩先生，他也是美食节的志愿者，帮助美食团解决了大使午宴的许多原材料。当然，远不止此。他还持有联合国发给的中国美食节通行证，是名副其实的不是团员的工作人员，这些天出了大力。

　　在大使午宴讨论工作的间隙，不时地有联合国官员赞叹着中国的美食。有官员说，中国美食节给联合国餐厅的菜肴提升了标准和上了档次。宴毕，潘基文秘书长走到杭州饮食服务集团有限公司总经理助理、中国服务大师凌美娟面前说，中国菜很好。然后指指她身上的旗袍说，衣服也很漂亮。张业遂大使在午宴结束后，赞不绝口，还特意进入厨房，向杭州的厨师们表示感谢，并和厨师们合影留念。

我与徒弟董顺翔在联合国中国美食节现场

## [ 杭州美食香飘奥地利维也纳 ]

2011年11月18日，由杭州市政府与奥地利对华友好及文化促进协会共同主办的"2011杭州（维也纳）美食文化节" 在奥地利首都维也纳举行。我和叶杭胜在维也纳雷迪森酒店举行的开幕晚宴上，展示了杭帮菜西湖醋鱼、龙井虾仁、叫化童鸡等菜肴。

这也是继在美国联合国总部、新加坡等国家和中国香港、台湾地区之后，杭帮菜再次走出国门，以色、香、味、形、器、质皆美的菜肴，来征服中外食客的眼睛与味蕾。

这次美食文化节开到欧洲，我与团队先期做了许多调研与考察工作。考虑到欧洲人不习惯吃骨头和带刺的食物时，将菜肴进行了改良，用去了骨的鸡腿烹饪而成的叫化童鸡，口感酸甜少刺的西湖松籽鱼等菜肴，既有鲜明杭州特色，又符合当地民众口味。

当出席嘉宾品尝到宋嫂鱼羹、龙井虾仁、东坡肉、叫花童鸡等著名杭州菜时，工作人员对其典故和做法进行细致的解释，中国大厨们还进行了厨艺展示，向奥地利民众介绍杭州饮食文化、城市气质。活动展示杭州美食的悠久历史和精湛技艺，并推动杭州与维也纳两地间饮食文化的交流。

# [美食纽带联结悉尼杭州]

2012年11月22日，杭州又一次把这座城市中最美味、最地道同时也是最富传奇色彩的美食带到了澳大利亚。这是继亚洲、美洲、欧洲之后，杭帮菜首度踏上大洋洲。在当天开幕的杭州（悉尼）美食文化节上，我与叶杭胜带领楼外楼、知味观、赞成宾馆、西湖国宾馆、吴山酩楼等杭州餐饮名店的大厨们，带来了精美绝伦的杭州菜肴：灵隐素鹅、如意蛋卷、东坡焖肉、蟹酿橙、清扒素鱼翅……它们穿越千年的光阴，呈现的不仅是杭州美食的悠久历史，杭帮菜肴的精湛技艺和非凡创造力，更是传统与现代兼容并蓄的城市精神，以及品质之城的优雅生活哲学。

1个小时内，35桌限量供应的杭州菜肴即被预订一空。这是杭州（悉尼）美食文化节交出的一张漂亮成绩单。"通过现场烹饪、文化表演、图片展示、厨艺交流等形式，杭州（悉尼）美食文化节向澳大利亚民众展示了杭州美食的悠久历史和精湛技艺，并推动杭州与悉尼两地间饮食文化的交流，促进两地在经贸、文化等领域的合作。"杭州美食文化团团长、杭州市贸易局副局长胡蓉珍这样评价。

金牌扣肉环节，将全场的气氛推至高潮——当我与来自吴山酩楼的行政总厨金国建一道，邀请近20名嘉宾上台，将金牌扣肉首尾相连拉到大约20米时，全场沸腾。大厨们以非凡的刀工技艺，将一大块肉批成连绵不断的薄皮，不仅展示了高

我与金国建邀请嘉宾上台表演金牌扣肉首尾相连

超的杭帮菜烹饪厨艺，而且连起了悉尼与杭州两座城市人民之间深厚的情谊。宴席结束之后，澳洲华人社团联合会主席吴昌茂赞叹道："人生得此盛宴，足矣。"这或许说出了来宾们共同的心声。从杭帮菜的美味协奏曲开始，杭州城的宣传效应正在被逐步放大。

杭州美食的主场，同时也是东方文化的秀场。香溢大酒店的行政总厨陈建俊大手一挥，糖浆瞬间如瀑布般挂到他面前的小型梯子上，几分钟后，梯子便成了糖丝的海洋。他又麻利地将这些糖丝捏成中国传统面点"寿桃"的形状，呈现给场下的各位嘉宾。我应邀现场挥毫"民以食为天"，迎来一片叫好声。

我应邀现场挥毫"民以食为天"

# [ 杭帮菜"袭卷"大洋洲 ]

2014年11月4日至15日，由杭州市人民政府主办、杭州市商务委员会承办的杭州美食文化节，远赴新西兰和澳大利亚两国，进行了"以食为媒"的城市推广宣传活动。我和叶杭胜领衔的杭州餐饮梦之队，再起征程，所到之处，皆刮起"杭儿风"。

杭州传统名菜东坡肉、宋嫂鱼羹、龙井虾仁，荷香四溢的叫花童子鸡，菊香蟹肥、橙味浓郁的南宋蟹酿橙，形美味醇的虎跑素火腿，杭帮菜都以其别具一格的菜肴滋味"征服"众人的味蕾。这一道道精美绝伦的杭州菜肴，从千年的时光中走来，呈现的不仅仅是杭州餐饮的悠久历史、精湛技艺，更是杭帮菜所焕发出的旺盛生机和独特创造力，极大地丰富和提升了杭州"美食天堂"的内涵与形象。

在奥克兰，一碗沸腾到160℃的糖浆，变幻出一片金色的瀑布；一段精妙绝伦的掌上舞蹈，一团面变成了纤细如发丝的龙须面；一团彩面左搓右捏，一条锦鲤诞生于手掌之中；一段激昂音乐之下，长嘴壶表演行云流水，水柱临空而降，茶水恰与碗口平齐。让当地食客叹为观止。每张宴席的冷菜尺寸如此精准，如意蛋卷一丝不苟，一个如意结精巧嵌入虾茸于其中，嫩黄色与肉色完美搭配，勾人食欲；端上桌的龙井虾仁，剔透的虾仁呈诱人的肉色，盘子边趣意盎然地有几只面塑河虾在嬉戏。如此视觉与味觉的冲击之下，一只虾仁入嘴，那鲜活的滋味，仿佛一只只虾仁瞬间活了起来，要从嘴里一跃而出。

在墨尔本，一桌桌杭帮宴席遭遇秒杀，只因为这是杭州餐饮梦之队出品；用了墨尔本当地的黄鱼制成的宋嫂鱼羹，引得澳大利亚人林德频频加添，面对镜头的他，不得不竖起了大拇指，赞叹不已。就餐嘉宾提前一个小时到场，只为多看多问。美食文化节代表团除了带来一席杭帮宴席之外，更精心准备了各式书籍和资料，《杭帮菜四语宝典》《寻味江南》系列丛书都赠送给了嘉宾。

# [杭帮菜香飘美国]

2015年2月28日，应美国安良工商协会、波士顿龙凤酒楼集团董事长梅锡锐的邀请，我随杭州饮服集团知味观总经理韩利平领队的金牌厨师团，前往美国波士顿、纽约、费城三地，举行为期15天的中美杭帮菜美食节交流活动。这次活动深受当地居民、华人华侨的热情追捧和支持。

这是继2008年代表中国烹饪在联合国总部献艺之后，金牌厨师团第二次访美进行的杭帮菜餐饮文化交流。在菜肴筹备中，我们精心设计菜单：8道冷菜，10道热菜，在菜品上主要体现出杭帮菜制作精细、口味清淡的特点，与现代人们轻油、轻糖、轻盐、轻芡的健康饮食理念相符。菜肴中有杭州最具代表性的叫化鸡、龙井虾仁、西湖醋鱼、宋嫂鱼羹。西湖醋鱼，因其独特制作方法和口味，肉质鲜嫩，是中外来宾必点的佳肴；叫化鸡，用荷叶包裹，传统工艺制作，部分香料和调料从国内带去，香气扑鼻，特殊的味道迷倒中外食客；清汤鱼圆，用美国当地的鱼肉，以杭州传统鱼圆技艺制作，汤清、味鲜、滑嫩、洁白，食客赞不绝口。

我在现场作了厨艺展示，操刀三小时，做了一份超大版的"金牌扣肉"。薄薄的肉片，展示开来，连绵四五十米而不断。赢得现场一片惊呼和赞叹。

在国内烹饪大赛多次夺魁的"金牌扣肉"，其实是从杭州传统名菜"东坡肉"演变而来的。据传说，东坡肉是苏东坡黄州时经常食用的一道菜。宋代人周紫芝，在《竹坡诗话》中记载："东坡性喜嗜猪，在黄冈时，尝戏作《食猪肉诗》云：慢着火、少着水，火候足时他自美，每日起来打一碗，饱得自家君莫管"。后来苏东坡到杭州做太守，把这道菜也带到了杭州。

烹制东坡肉，最重要的作料就是黄酒，其中当属浙江绍兴的最具代表性。黄酒酒精含量适中，属于酿造酒，味香浓郁，不仅可以去腥还能增加鲜美。同时，这道"金牌扣肉"在配料上还吸收了杭州民间"笋干烧肉"的组合。杭州的天目山笋干壳薄、肉厚、质嫩、鲜中带甜，用它烧出来的肉有笋香，不油腻，营养平衡，老少皆宜。我们的"金牌扣肉"吸收了这两者的优点，又施加了厨师的精妙刀工，不但在国内广受食用者青睐，这次来美交流，也得到了一致的赞叹。

我们这次赴美杭帮菜美食节交流活动，在波士顿举办三场，纽约、费城各一场，每场都宾客爆满，场面热烈。宾客中很多是在当地居住的华人华侨，中国驻纽约总领馆领事王军和美国纽约州副议长奥迪兹、州众议员白彼得、市议员蒋特利等官员也观赏了我们的厨艺展示，品尝了我们制作的美食。他们都对我们制作展示的美味赞不绝口，认为这次美食交流，不仅使他们真切地体味了杭州菜的美妙，也对中国烹饪技艺的魅力有了形象和直观的认识。

为了做好这次展示和交流，我们的金牌厨师团队在出发前就精心筹划方案，认真准备配方，调味品，以及操作工具。为了圆满完成任务，仅餐点模具就制作了30多副。任务完成后，这些模具都送给了当地厨师，成为一份见证中美厨艺友好交流的礼物。

# 第八章
# 精致峰会菜

# [20 道峰菜]

2016年9月，举世瞩目的G20峰会在杭州举行，杭州饮食服务集团承担了峰会元首工作午宴和夫人午宴两项光荣而重大的任务，我也有幸被任命为峰会的餐饮文化专家组组长。

为了圆满地完成这两项光荣的任务，杭州市举办了迎G20峰会杭帮菜菜品及服务技能大赛活动，本次活动组委会下设菜品评委会，由我和杭帮菜研究所所长王政宏及董顺翔、刘国铭、夏建强等中国烹饪大师组成。评委会成员以符合国际宴席接待惯例、体现出本土化特色为标准，评选出了20道最具杭州特色的菜点上报组委会通过。之后在有接待任务的宾馆教学培训制作20道G20峰菜，也在一些餐馆里供应了。其中包括16道菜肴与4道点心，传统名菜和创新菜各占一半。

16道菜肴是：西湖醋鱼、龙井虾仁、东坡焖肉、荷香鸡、干炸响铃、香烤鲳鱼、西湖鱼圆、蜜汁火方、南宋蟹酿橙、双味青蟹、鳕鱼狮子头、抹茶焗大虾、笋干老鸭煲、粽香清溪鳖、千岛扒鱼脸、糯米藕。

4道点心是：桂花水晶糕、蟹黄小笼包、龙井问茶、木莲芯。

这20道峰会菜点评出后，我们又遵照市领导的指示精神和大赛组委会的意见，对这20道菜点，从选用材料到烹饪出品进行反复试制、品鉴和规范，制订了20道峰会菜点谱。

在这20道峰会菜点中，传统名菜和创新菜各10道，对它们都作了适应性变革、调整和创新。如"蜜汁火方"将原来的火腿方换成了切片与菠萝搭配；"东坡肉"在保留传统做法的前提下也可将主料改成牛肉；叫花童鸡改名为荷香鸡，名称更便于被广泛接受和国际化；传统杭州名菜龙井虾仁、西湖醋鱼则要求更加精益求精，做到刀工、技艺、口味准确。创新菜"鳕鱼狮子头"是对传统名菜"狮子头"的改良和创新；"木莲芯"是由杭州木莲豆腐演变而来。

　　这些菜点大多是杭州历史名菜，但又融入了一些新的烹调技巧，显得更有时代气息。菜品刀工精细、主题鲜明，传统又不失创新，诠释了杭帮菜点"清淡适中、制作精致、节令时鲜、多元趋新"的特点。在食材的选择上，浙江是吴越文化、江南文化的发源地，物产丰富，资源充足，食材范围从鸡鸭鱼肉到山珍海味，样样都有。如千岛湖鱼头、清溪鳖、双味青蟹、东海鲳鱼等新菜食材的入选，颇具大杭州的地域特色。

　　20道峰会菜点不仅体现了杭帮菜深厚的历史文化底蕴，也体现了杭帮菜与时俱进、创新发展、更加国际化的风貌。20道峰菜通过在峰会接待宾馆和社会餐饮企业的精彩亮相、积极推广和引导消费，大大提升了杭帮菜品牌的知名度和美誉度，促进了杭州餐饮的新发展，并将载入杭帮菜发展史册。

G20杭州峰会元首工作午宴、夫人午宴的全体厨师成员合影留念

## [ 龙井虾仁 ]

**主料：** 德清青壳河虾

**制作过程：**

1.加工：将虾去壳，挤出虾肉，去沙线，盛入小竹箩里，用清水洗净。沥干水分，加入精盐、蛋清、生粉反复搅拌至有黏性，放入冰箱2小时，待用。

2.烧制及装盘：将加工过的虾仁，入150℃油锅，并迅速用筷子划散，至虾仁呈玉白色，倒入漏勺沥去油。锅留底油，再将虾仁倒入锅中，加龙井茶水淋芡出锅装盘，放入新鲜茶叶。

**特点特色：** 虾仁玉白、鲜嫩，茶叶碧绿、清香，全菜色泽雅丽，风味独特。

## [西湖醋鱼]

**主料：**草鱼

**制作过程：**

1. 将草鱼饿养一两天，使鱼肉结实。烹制前宰杀洗尽。

2. 将鱼身从尾部入刀，剖劈成雌、雄两爿，斩去鱼牙。在鱼的雄爿上，从离鳃盖瓣 4.5 厘米处开始，每隔 4.5 厘米左右斜批一刀，共批五刀。在批第三刀时，在腰鳍后 0.5 厘米处切断，使鱼成两段，以便烧煮。在雌爿剖面脊部厚处向腹部斜剖一长刀，不要损伤鱼皮。

3. 炒锅内放清水，用旺火烧沸。先放雄爿前半段，再将鱼尾段接在上面，然后将雄爿和雌爿并放，鱼头对齐，鱼皮朝上，盖上盖。待锅水再沸时，启盖，撇去浮沫，转动炒锅，继续用旺火烧煮约 3 分钟，用筷子轻轻地扎鱼的雄爿颌下部，如能扎入即已熟。锅内留下汤水，放入酱油、绍酒、姜末，将鱼捞出，放入盘中。装盘时将鱼皮朝上，把鱼的两爿背脊拼成鱼尾段与雄爿拼接，并沥去汤水。

4. 锅内原汤汁中，加入白糖、米醋和湿淀粉调匀的芡汁，用手勺推搅成浓汁，浇遍鱼的全身即成。上桌时随带胡椒粉。

**特点特色：**色泽红亮，肉质鲜嫩，酸甜可口，略带蟹味。

# [ 抹茶焗大虾 ]

**主料：** 大对虾、橙子

**制作过程：**

1. 将大对虾去壳，用清水洗净，从虾背部切一刀，用葱、姜、胡椒粉加茶叶水、盐、柠檬片、白兰地把大对虾浸泡 15 分钟，取出后吸干水分，加干生粉腌制待用。

2. 将抹茶粉、纯净水、丘比咸味沙拉酱，搅拌调成汁待用。

3. 平底锅置小火中烧热，滑锅后加橄榄油，180℃时放入大虾，两面煎焗，后烹白兰地，制熟。用橙子、奇异果、火龙果、薄荷叶装饰，将调好的汁淋上虾身，装盘即可。

**特点特色：** 色泽雅丽，口感爽脆，茶香四溢，风味独特。

# [ 荷香鸡 ]

**主料：**安吉竹林鸡

**制作过程：**

1. 洗杀：将母鸡宰杀，褪毛，洗净，在左翅膀下开长约 3.5 厘米的口子；取出内脏、气管和食管，用水淋洗洁净，沥干。剁去鸡爪，取出鸡翅主骨和腿骨，翅尖用刀背轻剁几下，将颈骨折断，便于烤煨时包扎。

2. 腌制：将山奈碾成粉，放入瓦钵内，加入黄酒、味精、盐、酱油、白糖、山奈粉、丁香粉、姜丝等拌匀，将鸡放入腌 15 分钟。

3. 炒料：将猪腿肉、京葱切成丝，肉丝煸透，加入绍酒、酱油、味精，炒熟装盘待用。

4. 包扎：先将炒熟的辅料从鸡腋下刀口处填入鸡腹，再将腌鸡的卤汁一起灌入，把鸡头紧贴胸部扳到鸡腿中间，再把鸡腿扳到胸部，将两翅翻下使之抱住颈和腿，然后用猪网油包裹鸡身，再用 1.5 张荷叶纸包裹，第二层包 1 张透明纸（防止卤汁渗出），再包一张荷叶，接着用麻绳在外面先捆两道十字形，再像缠绒线团那样平整地捆扎成鸭蛋形。

5. 涂泥：将酒坛泥裹紧鸡身，涂泥厚度约 2.5 厘米，要求厚薄均匀。

6. 煨烤：采用烘箱，先用 250℃ 高温，将泥团中的鸡身逼熟，以防微温引起鸡肉变味、变质。1 小时后，将温度调到 200℃ 左右，持续烘烤 1 小时即可熟烂。煨烤时要注意使泥团中的鸡腹朝上，防止油漏出流失。

**特点特色：**鸡肉酥嫩，沁入荷香酒香，醇香味美，四时皆宜。

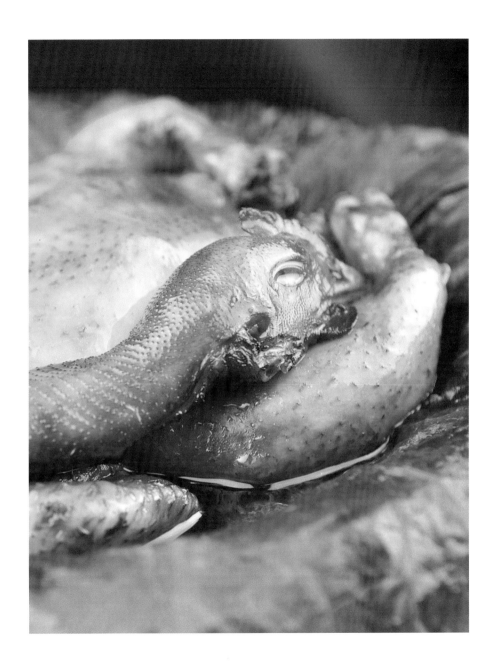

## [ 西湖鱼圆 ]

**主料：**鲢鱼、西湖莼菜

**制作过程：**

1. 鲢鱼洗杀干净，从尾部沿着背脊批取两片鱼肉，去腹部肉（肚挡），用刀刮取净鱼肉，并用清水漂净血水，成白净鱼肉。

2. 白净鱼肉放入搅拌机打成细泥鱼肉，打制时加入冰水。

3. 鱼泥放入盛器，加清水、盐、葱、生姜、味精，顺同一方向搅拌至黏性，最后加入色拉油，快速搅拌上劲，放置冰箱半小时。

4. 用手挤成鱼圆，置于冷水锅中，渐渐加热养汆成熟。

5. 莼菜洗干净，在开水锅内快速汆熟，漏干，加入清汤，再将鱼圆放置在莼菜上即可。

**特点特色：**鱼圆洁白细嫩，莼菜鲜嫩滑口，汤清汁鲜，色泽亮丽。

# [蜜汁火方]

**主料：**金华熟火腿中方、凤梨

**制作过程：**

1. 干莲子用沸水浸泡，蒸熟待用。凤梨切成长方块。

2. 用刀刮尽火腿皮上的余毛、污迹，切成长方块，放入盛器中，先加绍酒、冰糖，再加清水至浸没，上笼用旺火蒸1小时，将汤水滗去；再加绍酒、冰糖，加水浸没，蒸1小时取出，滗去汤汁；继续加绍酒、冰糖，加水浸没，放上莲子，上笼用旺火再蒸1个半小时至酥熟（出锅前将凤梨片一起放入蒸笼蒸熟），把原汁滗入碗中，除去沉淀杂质。

3. 将火方、凤梨片交替码放整齐，然后用莲子稍作点缀造型。

4. 炒锅置放在旺火上，加水、冰糖，倒入原汁煮沸，除去糖沫，用干淀粉加水调匀，勾薄芡，淋在火方、莲子、凤梨上面即可。

**特点特色：**用冰糖水反复浸蒸，味甜而酥，色泽美观，甜咸浓香，其味独特。

## [ 鳕鱼狮子头 ]

**主料：**银鳕鱼

**制作过程：**

1. 将银鳕鱼去皮、去骨，切成边长 1 厘米的立方粒；加盐，搅拌至黏糊；再加入生粉，搅拌均匀。

2. 锅内加入清鸡汤烧开，将银鳕鱼粒做成丸子，下入清鸡汤中用文火煮 5 分钟，捞出装入盛器中，原汤加入盐调好味，加入鳕鱼狮子头，放入蒸箱蒸 20 分钟。

**特点特色：**色泽洁白，鲜嫩滑口。

## [ 糯米藕 ]

主料：萧山藕、精白糯米

**制作过程：**

1.洗干净白藕,去皮。糯米淘洗干净,充分沥干。藕切一头藕梢留用,将沥干的糯米从切口藕洞处灌入,边灌边拍击藕壁,灌满振实,然后把切下的藕梢盖在原切口上,用竹签封住。

2.把封固好的灌藕置于锅内,加水,用旺火煮约1小时起锅,加白糖、糖桂花,旺火烧沸,改中火煮约2到3小时,至藕酥出锅,汤水留用。

3.另起一锅,加原藕汤水,加入白糖、蜂蜜、糖桂花,旺火烧沸,至锅中汤水稠浓呈蜜汁状,将起锅后的酥藕切片装盘,浇上稠浓的蜜汁即成。

**特点特色：**藕呈朱红色,糯甜酥口。此菜突出江南风味,制作精细,勤于火功。

# [ 南宋蟹酿橙 ]

**主料：** 大螃蟹、甜橙

**制作过程：**

1.将甜橙洗净，顶端用刻刀由外而内刻出一圈花纹，成盖形展开，挖出橙肉及汁，除去橙核和沥渣；螃蟹余熟，剔取蟹粉（蟹黄、蟹肉分装）。

2.炒锅烧热滑油，下麻油至150℃时，放入姜末、蟹黄煸炒出红油，再放入蟹粉同炒出香味，入橙肉橙汁，烹入酒、醋、白糖、精盐调味略煮，勾芡后淋入蟹油炒匀，起锅分别装入橙中，盖上橙盖。

3.取炖盅，将香雪酒、醋、杭白菊均匀分装，再将橙子分别装入炖盅内加盖，在蒸箱内蒸制20分钟左右即成。

**特点特色：** 橙香蟹鲜，口味醇浓，色艳形美，别具韵味。

# [ 粽香清溪鳖 ]

**主料：**清溪花溪鳖肉

**制作过程：**

1. 甲鱼肉洗净切小块。

2. 糯米淘洗干净，用清水浸 4 小时。捞起糯米沥干水，拌入白酒、胡椒粉、酱油、老抽、味精、鸡精、生姜汁等调料。

3. 将粽叶清洗后用开水煮软，再用水清洗干净备用。将切好的甲鱼与拌好料的糯米按 7:3 的比例拌匀。用粽叶将糯米和甲鱼馅料包裹成枕头形。将包好的粽子放锅内加水煮，水位在粽子上，煮 2 至 3 小时，先用大火后用小火烧煮至熟即成。

**特点特色：**粽香浓郁，甲鱼鲜嫩，糯米红亮香糯。

## [干炸响铃]

**主料：** 富阳豆腐皮、猪里脊肉、苔菜

**制作过程：**

1. 将里脊肉去净筋腱，剁成细末，放入碗内，加入精盐、绍酒、味精和蛋黄拌成肉馅，分成五份。豆腐皮润潮后去边筋，修切成长方形。先取豆腐皮，每层揭开，摊平重叠，再取肉馅一份，放在豆腐皮的一端，用刀口将肉馅放上切下的碎豆腐皮，卷成筒状。卷合处蘸上清水使之粘牢。如此做成卷，再切成长段，直立放置。

2. 炒锅置中火上，下色拉油烧至130℃时，将腐皮卷放入油锅，用手勺不断翻动，炸至金黄松脆（要求不焦、不软、不坐油），用漏勺捞出，沥干油，装入盘内即成。上席随带甜面酱、葱白段、花椒盐蘸用。

3. 炸好的响铃，外面挂蛋黄糊，粘上苔菜沫，上烤箱烤30秒钟。

**特点特色：** 色泽黄亮，松脆鲜香，辅以甜面酱、葱白段佐食，其味更佳。

# [ 东坡焖肉 ]

**主料：** 猪五花肋条肉

**制作过程：**

1. 选用皮薄的猪五花条肉（以金华"两头乌"为佳），刮净皮上余毛，放入沸水锅内余5分钟，煮出血水，再洗净，切成方块（每块约重125克）。

2. 取大铁锅1只，先铺上葱、姜块，然后将猪肉（皮朝下）整齐地排在上面，加绍酒、酱油、白糖、水，盖上锅盖；用旺火烧开后，改用微火焖2小时左右，至肉到八成酥时，启盖，将肉块翻身（皮朝上），再加盖密封，继续用微火焖酥；然后将铁锅端离火口，撇去浮油，皮朝上装入特制的小陶罐中，上笼用旺火蒸半小时左右，至肉酥嫩。

**特点特色：** 皮薄肉嫩，色泽红亮，味醇汁浓，酥烂而形不碎，香糯而不腻口。

## [ 香烤鲳鱼 ]

**主料：**舟山鲳鱼

**制作过程：**

1. 鲳鱼宰杀洗净，片成瓦片块，晾干待用。

2. 将上述辅料调料综合调成汁，把晾干后的鲳鱼浸入腌制90分钟。
   捞出放入烤板入烤箱烤制30分钟左右，中间刷一次汁。

**特点特色：**颜色红亮，口味复合（咸鲜、酸甜、微辣）并有多种果蔬清香，
　　　　　　肉质细嫩。

# [千岛扒鱼脸]

**主料**：千岛湖淳牌有机鱼头、辽参、火腿

**制作过程**：

1. 将淳牌有机鱼头汆水除去鱼头面上的白色黏液。

2. 将洗净的淳牌有机鱼头用姜、葱、料酒蒸制15分钟，去除鱼脸骨。

3. 用淳牌有机鱼身熬制浓汤，用鸡汤煨制好辽参，火腿蒸好切片，菜心汆水备用。

4. 用鱼汤扒制鱼脸、海参、火腿，菜心点缀即可。

**特点特色**：鱼肉滑嫩，汤汁醇厚，清香四溢，营养丰富。

## [ 双味青蟹 ]

**主料：**双味青蟹

**制作过程：**

1. 青蟹洗杀切块，取 1/3 切块蒸熟，挑肉备用。

2. 咸肉切成长咸肉片，与蛋清、水、生粉搅拌均匀，在油锅内划熟捞起备用。

3. 圆盘放入咸肉片，摆放成半圆形，依次放上剩下的蟹块，加入盐、味精、鸡油、料酒、清汤，上笼蒸。

4. 锅内放入挑好的蟹肉，加入盐，烧开勾汁出锅，装入蟹壳内。取出蒸好的蟹块和咸肉，把蟹壳放入盘中即可。

**特点特色：**蟹肉鲜嫩，造型新颖。

## [ 笋干老鸭煲 ]

**主料:** 两年老鸭、金华火腿

**制作过程:**

1. 将老鸭洗净,冷水下锅,烧滚后焯水待用;笋干用冷水泡涨,撕成条状。

2. 取砂锅 1 只,底部垫上干粽叶 2 张,放入焯水后的老鸭、火腿、笋干、葱、姜、水烧滚,改为小火慢炖 2 小时左右,至老鸭酥烂,放精盐、味精调味。

3. 把烧酥的老鸭捞出,整只去骨,冷却切成条状,取 1 条鸭肉、1 条火腿、1 条笋干捆扎成 10 条柴把,放入炖盅内,加入老鸭汤,一起煮制 15 分钟即可。

**特点特色:** 鸭肉肥嫩油润,笋干脆香,原汁原味,营养丰富。

## [桂花水晶糕]

**主料**：糖桂花、幼沙糖、鱼胶

**制作过程**：

1. 将幼沙糖与鱼胶粉混合搅拌后放入开水，直至融化，然后进蒸箱蒸 15 分钟，待用。

2. 将高达椰浆倒入一个容器，待用。

3. 取开水和糖桂花倒进另一个容器里，搅拌均匀，待用。

4. 将蒸热的鱼胶糖水对半分成两份，分别倒进糖桂花容器和椰浆容器里，然后搅拌均匀。

5. 取调制好的椰浆水倒入盒子里，放进温度低于零下 10℃的冰箱里冷冻 15 分钟，直至凝固；然后取调制好的桂花水倒在凝固好的椰浆表层，再次放进冰箱里冷冻 15 分钟，直至凝固。按这个顺序流程做六层，制作好之后，盖保鲜膜，放进专用熟食冷藏冰箱即可。

**特点特色**：桂花香浓郁，口感滑嫩。

# [ 木莲芯 ]

**主料：**木莲子

**制作过程：**

1. 将木莲子、水、糖倒入搅拌机内打 10 分钟，将木莲子内的汁充分打出，倒入纱布或煲鱼袋内过滤后静置（无气泡）待用。

2. 石灰粉兑水拌匀，倒入过滤好的木莲汁内拌匀，再倒入模具，放入冰箱。

3. 根据口味调制枫糖浆水，取出模具中的木莲芯，加入枫糖浆水即可。

**特点特色：**外形美观，口感滑嫩，香甜口渴，生津降火。

## [蟹黄小笼]

**主料**：面皮、馅料（含湖蟹肉、猪肉、猪皮）

**制作过程**：

1. 湖蟹洗净、蒸熟、去壳，然后将湖蟹的肉和蟹黄挑出放在碗内备用。

2. 猪皮洗净后焯水。煮锅换水，将焯好的猪皮放入水中，加生姜、盐，用旺火烧开，水开后改用小火将猪皮焖烂。将猪皮捞出用绞肉机绞碎，然后放入原汤水中熬至浆状。用纱布将猪皮浆的残渣沥净，待浆水冷却后放入冰箱结冻。

3. 将油倒入锅内，油温上升后加入姜、葱段煸炒，出香味后倒入挑好的蟹肉和蟹黄，加调味料略炒起锅，加入葱花，冷却待用。

4. 取出已冻好的肉皮冻绞碎待用。将猪皮、猪夹心肉绞碎，加入调味料拌匀，然后加适量水不断搅拌直至上劲，最后加入绞好的皮冻继续搅拌，拌匀后装入容器内待用。

5. 将面粉加水和成水面。待面醒后搓条、摘剂、擀皮，上馅包制成形后再在包子口上放入蟹黄肉。最后将包好的小笼装入蒸笼蒸5分钟即可。

**特点特色**：桂花香浓郁，口感滑嫩。

# [ 龙井问茶 ]

**主料：**面粉、虾仁、茶叶

**制作过程：**

1. 将绿色素菜榨成汁。

2. 用龙井茶叶泡浓茶水。

3. 在绿色素菜汁内加入适量的浓茶水和碱水待用。

4. 面粉中加入绿色混合汁水和面，搓团待用。

5. 将鸡清洗干净后放入清水中煮三小时制成清汤。

6. 将河虾去壳后挤出虾仁，然后将虾仁上浆。

7. 取一小块绿色面团搓成 2 头尖的小长条，用工具压扁成叶状，然后刻上茶叶的纹路。取一小块面团搓成一头尖的茶叶芯状。取 2 片已刻好纹路的茶叶面片和面茶叶芯捏成两叶一心的明前龙井茶状。

8. 将做好的"茶叶"放入沸水中余熟、捞出，再用冷开水浇淋，沥干后装盘备用。

9. 将浆好的虾仁倒入油锅滑炒，熟后捞出放入茶盅内，加"茶叶"。

10. 将烧开的清鸡汤倒入茶盅即可上桌。

**特点特色：**制作精致，造型逼真，口感鲜美。

# 余音

# 我成了朗读者

2017年4月22日，我登上了董卿主持的《朗读者》栏目。这是中央电视台重点打造的一档黄金节目，能在这里亮相，和我在G20杭州峰会担任餐饮文化专家组组长关系密切。董卿说："这期《朗读者》以'味道'为主题，邀请给G20杭州峰会掌勺的杭帮菜掌门人胡忠英，来讲述中国味道。"

为了这次朗读，我足足准备了两个星期，先是从上百篇文章中精心挑选，最终选出了古龙的散文《吃胆与口服》，我觉得，这是最有"味道"的一篇散文。之后，我每天都要安排很多时间练习朗读。准备充足后，我换上自己最钟爱的中山装，前往北京和全国的观众一起分享"中国味道"。

在节目中，我与董卿交谈，品味过往人生，淘洗思想真金，回忆着自己的厨艺人生，讲述着中国菜肴的味道："味道是一种审美，是一种格调，是一种气质，将味蕾嫁接上思想，味道就会变得丰富多彩。"

现将在央视《朗读者》栏目中我朗诵的这段有关吃的文字附上，供大家分享，并以此作为本书的结尾。

# 吃胆与口福（节选）

## ——古龙

我从小就听人说"吃得是福"，长大后也常常在一些酒楼饭馆里看到这四个字，现在我真的长大了，才真的明白这四个字的意思。

吃得是福。能吃的人不但自己有了口福，别人看着他开怀大嚼，吃得痛快淋漓，也会觉得过瘾之至。

"会吃"无疑是种很大的学问。做菜是种艺术。从古人茹毛饮血进化到现在，有很多佳肴名菜都已经成为了艺术的结晶，一位像大千居士这样的艺术家，对于做一样菜的选料配料刀法火功的挑剔之严，当然是可以想象得到的。菜肴之中，的确也有不少是要用最简单的做法才能保持它的原色与真味。所以白煮肉、白切鸡、生鱼片、满台飞的活虾，也依旧可以保存它们在吃客心目中的价值。

当代的名人中，有很精于饮馔的前辈都是我仰慕已久的。他们谈的吃，我非但见所未见，而且闻所未闻，只要一看到经由他们那些生动的文字所介绍出来的吃，我就会觉得饥肠辘辘，食欲大振，半夜里都要到厨房里去找点残菜余肉来打打馋虫。

后生小子如我，在诸君子先辈面前，怎么敢谈吃，怎么配谈？

我最多也不过能领略到一点吃的情趣而已。

在夜雨潇潇，夜半无人，和三五好友，提一瓶大家都喜欢喝的酒，找一个还没有打烊的小馆子，吃两样也不知道是什么滋味的小菜，大家天南地北地一聊，就算是胡说八道，也没有人生气，然后大家扶醉而归，明天早上也许连自己说过什么话都忘了，但是那种酒后的豪情和快乐，却是永远忘不了的。

我总觉得，在所有做菜的作料中，情趣是最好的一种，而且不像别的作料一样，要把分量拿捏得恰到好处，因为这种作料总是越多越好的。

在有情趣的时候，和一些有情趣的人在一起，不管吃什么都好吃。